你不努力，拿什么拼未来

毕业五年，把自己活成理想中的样子

尹诗楠　郭英秋 /著

图书在版编目（CIP）数据

你不努力，拿什么拼未来：毕业五年，把自己活成理想中的样子 / 尹诗楠，郭英秋著 . -- 北京：当代世界出版社，2018.8

ISBN 978-7-5090-1417-2

Ⅰ . ①你… Ⅱ . ①尹… ②郭… Ⅲ . ①成功心理－青年读物 Ⅳ . ① B848.4-49

中国版本图书馆CIP数据核字（2018）第 155330 号

你不努力，拿什么拼未来
——毕业五年，把自己活成理想中的样子

作　　者：	尹诗楠　郭英秋
出版发行：	当代世界出版社
地　　址：	北京市复兴路 4 号（100860）
网　　址：	http：//www.worldpress.org.cn
编务电话：	（010）83907332
发行电话：	（010）83908409
	（010）83908377
	（010）83908423（邮购）
	（010）83908410（传真）
经　　销：	全国新华书店
印　　刷：	天津文林印务有限公司
开　　本：	170 毫米 ×240 毫米　1/16
印　　张：	13
字　　数：	200 千字
版　　次：	2018年8月第1版
印　　次：	2018年8月第1次
书　　号：	ISBN 978-7-5090-1417-2
定　　价：	36.00 元

如发现印装质量问题，请与承印厂联系调换。
版权所有，翻印必究，未经许可，不得转载！

前言

1983年，李开复获得美国纽约哥伦比亚大学计算机系学士学位，1988年他在IT界崭露头角，1983到1988，恰好5年；

1985年，俞敏洪从北京大学外语系毕业，1991年他辞职进军民办教育领域，1985到1991，5年多的时间；

1988年，马云从杭州师范学院毕业，1992年从大学辞职，开始走上创业之路，1988到1992，将近5年；

1991年，李彦宏从北京大学信息管理专业毕业；1996年拿到了搜索领域的一项美国专利，自此迈入网络搜索引擎的大门，1991到1996，刚好5年；

1993年，马化腾毕业于深圳大学计算机专业，1998年，开始创办腾讯，1993到1998，时间也是5年；

……

为什么这些成功人士的命运出现转折，都是在毕业五年这个时间点？

也许有人会因此提出宿命论，但我们更相信，毕业五年对很多人来说，都是一个命运转折的节点。同一所学校、同一间教室里走出的资质相差无几的同学，往往会在毕业五年后凸显出差距，有的人会一如既往地向着平凡的人生走下去，而有的人却会在这个节点迈出至关重要的一步，实现人生的一个飞跃。没错，毕业五年这段时间，影响你一生的命运。

因为毕业五年，你在专业领域内小有成就，这决定了你以后的发展方向；

因为毕业五年，你的工作技能和技巧得到了提升，让你拥有了将潜力变现的能力；

因为毕业五年，你拥有了一定的人脉，而人脉的广度和深度决定了你能借助的力量有多大；

因为毕业五年，你开始习惯于高效、高质开展工作，你形成了自己良好的做事风格；

因为毕业五年，你积累了一定的资本，设计好了外出闯荡的蓝图，并开始付诸行动；

……

我们不否认有例外，但是对大多数人来说，毕业五年时的状态，基本已经决定了他们以后发展的轮廓。所以，为了以后在事业和生活中打开新局面，我们应该充分利用好毕业后这五年时间，找到自己的优势，尽可能提升自己的能力、修养，培养自己的执行力、领导力，将梦想列入计划，并将其分解，分阶段执行……而这一切，说起来容易，做起来却并不轻松。

人才市场竞争激烈，许多人都是毕业即失业，我们不得不拼尽全力去争取一个机会，也会在梦想与现实发生碰撞时无比纠结，更要逼迫自己改掉一个又一个的不良习惯，硬着头皮去学习在社会上生存的各种技能……我们会迷茫，我们会焦虑，我们会彷徨，但是，正如毛毛虫羽化成蝶必然要经历漫长痛苦的蜕变一样，熬过最开始的五年，我们的人生将迈入一个新阶段。

现在的你，如果也正处在最初五年的蜕变期，请千万在正确的方向坚持下去，世界会为你敞开大门，终将遇到心想事成的自己。

目录

Chapter 1

找对方向定好位

- 2   职业有定位，人生不出局
- 8   人人都有天赋，你的天赋是什么？
- 13   不会做职业规划，怎么决胜职场？
- 18   关注五大要素，找对好工作
- 24   "做正确的事"，比"正确做事"更重要吗？
- 30   亮眼的简历，就该这么写

Chapter 2

好心态绘制你的事业蓝图

- 38   因为没经验，所以更勇敢
- 43   多看，多做，多向他人学习
- 49   积极乐观，工作要有好心态
- 54   青春没有不可能，相信自己的潜力
- 60   先了解自己，再适应公司
- 65   现在，开启你的理财计划

Chapter 3

人脉经营，请停止无效努力

- 72   摸清对方心理，找出共同话题
- 78   利用"首因效应"，打造良好的第一印象
- 84   视觉化的语言，更容易打动他人
- 90   吸引人脉，让自己成为一个有趣的人
- 95   增加自己的可利用价值，拓展弱联系
- 101 具备七大品格，让你自带磁性

Chapter 4
能力提升，就要比别人更优秀

- 108 累死你的不是工作，而是工作方法
- 115 效率：用20%的时间做好80%的事
- 121 学会学习，将知识转化为能力
- 127 超强记忆法，让你不再为遗忘而苦恼
- 134 思维导图，助你事半功倍

Chapter 5
一专多能，成就更优秀的自己

- 142 敬业，才能让你变专业
- 149 没有时间，那就创造时间
- 155 告别拖延症，别再让计划沦为空谈
- 160 习惯，让你的行动力瞬间提升
- 165 折腾，是成长的必经之路
- 170 斜杠青年：开启你的多重身份

Chapter 6
处于最佳状态，活出立体人生

- 176 梦想还是要有的，万一实现了呢？
- 180 有信心：一切皆有可能
- 185 打破成见，思路决定出路
- 191 创业：如何打造一支优秀的团队？
- 196 身心减负，享受极简生活
- 198 精简欲望，找回自己的最爱

Chapter 1
找对方向定好位

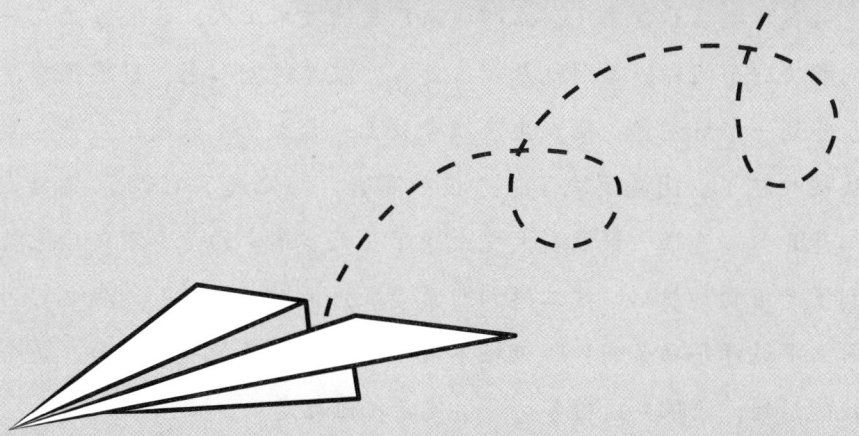

职业有定位，
人生不出局

《首席执行官》杂志曾刊载过一个很著名的肥皂盒故事。故事讲的是，联合利华曾经引入一条香皂包装生产线，结果发现生产线上存在着一个致命的缺陷，偶尔会出现香皂盒漏装香皂的事故。接到顾客投诉之后，联合利华立即投入重金，组建了一个由一位自动化博士后带队的研发小组，研发小组综合运用自动化、X射线等多种技术手段，组建了一套分拣空香皂盒的技术系统，只要有空香皂盒从生产线上经过，就会被检测到，并且被一只机械手臂分拣出去。

中国的一家日化公司也购买了这条生产线，同样遇到了这个问题，老板发现之后非常生气，立即找来厂里的技术工人，让他务必在一周内解决这个问题，否则就卷铺盖走人。技工挖空心思，日思夜想，终于想到一个好主意：他在生产线旁放上一台大功率风扇，空香皂盒统统被吹跑了。问题解决了，老板很高兴，给他发了1000元奖金。技工开开心心地跟一帮朋友大吃大喝了几天。不幸的是，不久后他就收到了老板的解雇信，技工感到非常委屈，他对老板说："我也曾为公司立下过汗马功劳啊！"老板不屑地说："芝麻粒般的小事，是个人就能想到，还跟我提功劳？"说完就把他赶走了。

而那个发明了分拣机械臂的博士后，就自己的发明写了好几篇论文，之后又申请了专利，并带着手下的一帮人开了公司，后来又顺带着研发出多种产品，名利双收，被各种媒体竞相报道。后来，那个被开除的技工从报纸上看到博士的事，他发现博士后的第一桶金来源于改革"肥皂生产线"，立即愤愤不平地说："老天真是太不公平了，明明我的方法更简单，成本更低，我被开除，他却成了有钱人，啧啧！"

故事很简单，道理却很深刻。技工用最简单、成本最低的办法来解决问题，最后落了个出局的下场，而耗费了大量金钱和时间解决同一个问题的博士后却因此而名利双收。这貌似很不公平，但是倘若我们认真地思考一下就能明白，技工解决问题，靠的是自己"灵机一动"的小聪明，这种方法缺少技术含量，再利用的空间为零。而博士后的工作虽然成本高，但是这种方法的核心技术只有他自己知道，他能将这种核心技术再开发，有效迁移到其他领域，比如研发出分拣次品的机械臂、从事危险工作的机械臂等。拥有了自己的核心技术，无论到什么时候，都是无可替代的。

为自己做职业定位也是同样的道理，有的人十八九岁就出去工作，靠体力、青春或小聪明挣钱，收入不菲便沾沾自喜道："那些读了20年书的大学生还不如我挣得多呢！"的确，有不少大学生毕业初期的收入确实少得可怜，甚至只能勉强糊口，他们有时也会抱怨，"父母花了那么多金钱，自己投入了那么多时间和精力，为何收入还不如一些中学毕业生呢？难道真的是'读书无用'吗？"

读书并非无用，你需要将自身的知识技能内化为自己不可替代的能力，并做出合适的定位。最终你会发现，虽然你的投入大，但是跟产出相比，实在算不了什么。人生最怕的不是暂时的低谷，而是短视。只要我们真正认识自己，找到自己的优势，并在此基础上做出合理定位，实现知识技能的有效迁移，自然能创下属于自己的一番事业。

进行自我剖析，真正了解自己

"认识你自己"是人类永恒探索的命题，唯有真正认识了自己，才能真正探明内心的声音，进而正确地看待自己，看到自己的优势、劣势、潜力，并确立自己的职业目标和人生目标。在这个过程中，我们需要正确认识自己的性格、职业兴趣、个人能力、职业价值观、学识、技能、智商、个人优势和劣势等。对此，专业人士发明了一些测评工具，如DISC性格测评、霍兰德职业兴趣测评、职业锚位分析、SWOT分析等，我们可以使用这些工具对自己的性格、职业兴趣等做出客观分析。这些测试方法，都可以在网络上找到，认真地测评一下，便可以对自己有一个相对客观的了解。这里我们简单地介绍一下SWOT分析法。

SWOT分析法，又称"态势分析法"，可以用于检查我们的技能、能力、喜好和职业机会，S、W、O、T四个英文字母分别代表优势（Strength）、劣势（Weakness）、机会（Opportunity）、威胁（Threat）。这其中，S、W代表内部因素，O、T则代表外部因素，我们可以使用SWOT分析法为自己正确定位，进而制定出相应的竞争策略。

swot 分析法

	优势（Strength）	劣势（Weakness）
内部因素	1.掌握了什么知识技能。 2.有过什么工作或实践经验。 3.做过什么成功的事，进而从中发现自身长处，比如意志力坚强、富有创新精神等。	1.性格上的弱点。 2.经验或经历中欠缺什么。 3.做过什么失败的事，从而避免以后再犯同类错误或避开雷区。
外部因素	1.社会大环境和大趋势下哪些行业就业前景、发展趋势较好？ 2.有人脉或资源可借用。	1.有经验的竞争者很多。 2.就业市场尚以招聘方为主导。
	机会（Opportunity）	威胁（Threat）

图1：swot 分析法

认识了自己，才能避开雷区，找出真正适合自己的发展方向，并坚持下去，待到初入职场的寒冬过去，必然会迎来事业发展的春天。

选择跟自己匹配度高的工作，坚持成为专业人才

据有关人士统计，如果一个人能够在一个行业或职位上坚持5~10年，那么他将在这个行业站稳脚跟并有所斩获。而能够让我们在一个行业坚持做下去并有所收获的关键，就是我们的能力、特长和性格是否与职位相匹配。

一个性格外向的人，他可以在商务领域做得风生水起，但如果让他一天8小时做研究型工作那一定是一种折磨；同样的，一个性格内向的人可以把研究型工作做得很好，但是商务型工作可能干不了几天就厌烦了。

所以，在做职业定位时，一定要让工作与你的性格、能力、特长相匹配，而你也愿意在这个行业或职位上扎下根来，踏踏实实地工作，并愿意主动提高自己的业务素质和工作水平，专注发展，一般工作3到5年，事业就会有起色。

尽可能从事跟自己专业对口的工作

许多人大学毕业之后发现，自己的专业不热门、不好找工作，于是就随随便便找一份聊以糊口的工作以解决生计问题。职业不分贵贱，这种做法或许无可厚非，但是我们必须得看清事实——如果你丢掉了大学4年所学到的专业知识，就等于退回到中学的起跑线上。用一句刻薄的话来说——虽然你拿着本科学历，实际从事的却是中学生都能做的工作。也就是说，你耗费了4年时间、交纳了4年学费，用掉了4年生活费，全都是在做无用功，22岁的你做的那份工作，原本是你18岁时就可以去做的。更残酷的是，"高龄""高学历"的你，不得不忍受着大家异样的眼光与那些比你小好几岁的同事竞争。

你有几年青春可以虚耗？

所以，如果你不想很快在职场上出局，就尽量不要去做"前台""客服""理货员""库管""清洁工"之类的工作，这类工作，要么吃青春饭，要么工作难度低,可替代性太大,即便能平安顺遂做下去,也是晚景堪忧。因此,如果可以选择,还是应该尽可能选择跟专业有关的工作。

找到自己的天赋,将其最大化并变现

曾有人说过,那些成功的人,都是在做自己擅长的事。一个人擅长做某件事,一方面是因为他的专业,另一方面则是因为他的天赋,有做某事的天赋,等于一开始就站在了一个较高的起点上,并且还能在这条路上比一般人跑得更快。人人都有天赋,找到自己的天赋并将其作为职业定位的重要参考,必能在事业发展上事半功倍。

永远不要怀疑自己的天赋,即便在某些方面你的确表现得不如其他人,也要相信"上帝为我们关掉一扇门的同时,也会为我们打开一扇窗"。事实上,我们会发现,有一些人好像天赋异禀,他们早早地发现自己的天赋,并将天赋发挥到极致,最终成了所属领域的佼佼者。而更多的人,只能庸庸碌碌地过一生,甚至穷困潦倒,天赋、才华对他们更像是天方夜谭。是上帝偏爱少数人,而拿走了大多数人的天赋吗?不是。我们每个人都是带着上帝的祝福来到这个世界的,只是出于各种各样的原因,我们的天赋被遗弃在身体的某一个角落里,正等着我们去发掘。因此,找到自己的天赋,并将其最大化变现,能帮我们迅速实现职业理想。

人人都有天赋，
你的天赋是什么？

盖洛普公司（Gallup）创始人唐纳德·克里夫顿博士（Donald Clifton）在《现在，发现你的优势》中提出，每个人都拥有经久不变、与众不同的天赋，他们最大的成长空间在其最强的优势领域。但是，现实却更如英国散文家托马斯·卡莱尔所说——"他们在这个世界上找不到适合他们干的事，简直无处容身。"如果你也在为自己的不如意而郁郁寡欢，那么现在就找到你的天赋，并为之努力，最大程度变现它吧！

确认你的天赋，找回你的优势

天赋，指的是在我们个体中自然而然反复出现，且可以被高效利用的、能够产生正向收益的思维模式、感受或者行为。比如，爱因斯坦是一个好奇心异常强烈的人，为了弄清楚一个问题，他可以克服一切困难，誓要打破砂锅问到底。正是在好奇心的驱使下，爱因斯坦成了近代科学史上最伟大的科学家之一，为人类社会的发展做出了巨大贡献。

每个人都有自己的天赋或优势，你的天赋或优势是什么？如果你对自己有着清晰的认识，并正努力在职场中发挥自己的天赋和优势，那么恭喜你，你终将在自己的优势领域做出成绩。如果你没有清晰地确认自己的天赋和优势，现在的你，正做着一份让你深觉枯燥或吃力的工作，也不要沮丧，按照下面的方法，找到自己的天赋，找回自己的优势，你终将成就美好的自己。

（1）征询亲友意见——我是一个什么样的人？能否给我一个客观的评价？

很多情况下，我们对自己的认知，往往带有主观性，别人给出的评价，更为客观。我们可以列出一些问题，通过他人的客观回答，来认识自己的优势，这些问题可以是：

你觉得我最大的优点是什么？

你喜欢我身上的哪些特质？

你觉得我身上还有哪些可以改进的地方？

你觉得我适合做什么工作？

告诉对方自己希望得到一个真实的反馈，以认识真实的自己，并做好被打击的心理准备。因为你可能会收到一些消极的评价，而这些消极的评价，却更能让人深思反省。

（2）问自己——我最看重哪些方面？我的优势在哪里？

一个人，即使再平庸，也做过一些让自己深感自豪的事情，也曾因为某些事受到赞美，这其中，可能就隐藏着你的优势。将你从小到大受到过表彰、让你最有成就感的事情写下来，并加以分析：

为什么我会受到表彰？

这件事凸显了我身上的什么品质？是细心、耐心？是文采出众？还是沟通能力强？

这件事我没花多少力气就成功了，是不是说明我比别人做这类事更有优势？

如果把做这类事当成一种职业，我还会不会保有热情，并愿意为之努力？我能不能把它做得更好？

如果你能够确认自己的优势，并愿意为之付出努力，那么潜伏在你身体内的天赋就会被激发出来，并终将成为你决胜职场的核心竞争力。

（3）多多尝试——保持对世界的好奇，尝试舒适区之外的精彩。

或许你已经忘记，年幼的时候我们动用所有可以动用的手段，通过各种途径去探索世界，因为我们对世界好奇。而成年之后，我们逐渐被成人世界同化，我们循规蹈矩，走最近的路，尽可能地避开风险，按照世俗的观念去选择大众心目中的好工作，关闭了自己对未知世界探索的心门，任由天赋被荒废。面对未知的新兴领域，我们拒绝接触，原因自然是"我不了解，我不习惯，我不感兴趣"，却不知被我们推开的，可能恰恰是最适合我们的东西，只是我们习惯了待在舒适区，宁肯一日复一日地重复乏味而枯燥的工作，错过了最可能成就自己的机会。所以，每天抽出一段时间，去了解、认识外面的世界，尝试一些自己未曾做过的事情，也许我们会找到一份与自己的天赋相符且乐在其中的工作。

专注发展优势，你将进入 20% 的成功人群

当今社会是一个竞争激烈的社会，二八定律告诉我们，80% 的社会财富掌握在 20% 的成功者手中。为了成为 20% 的成功者，我们从小便被灌输凡事要力争上游的思想，考试要争第一，比赛要争第一，做事要做得最快最好。如果说年幼的时候我们的目标比较单一，那么进入社会后，我们面对的目标便不只是一种。社会职业有千百种，每个行业的精英都多到难以计数，凡事都力争第一只会大大增加我们的情绪损耗，社

会上能够多面发展的人只是极少数。虽然老话常说"艺多不压身",但是当我们把有限的精力分散到多个行业中时,便会摊薄我们的努力,最终事事皆可做,事事皆不精。职场之中,最大的捷径就是找到自己的天赋,并努力深挖,做自己擅长的事,成为所属行业的专家,这远比盲目争到的第一更有价值。

从小,他就是一个让父母和老师头疼无比的闯祸精,逃学、打架样样精通,成绩却是糟糕得不堪入目。他不喜欢上学,所以十几岁就离开了学校,走上社会,因为年纪小、学历低,加上与生俱来的口吃,让他在社会上吃足了苦头。他难以找到好工作,为了生计,他做过很多工作,有段时间甚至靠开赌档谋生……在35岁前,他一直是个失败者,换过40多种工作却一事无成;更糟糕的是,35岁时,他破产了,欠了6万美元的外债。为了养家糊口,他决定投身汽车销售,而他所依仗的资本,就是在社会上磨炼出的对人的心理的揣摩。为了销售出去更多的汽车,他努力改掉自己口吃的毛病。优势加上勤奋,他的销售业绩节节攀升,在从事销售工作的15年时间里,他一共卖出13000多辆汽车,平均每天卖出6辆!他创造了销售史上的神话,被誉为世界上最伟大的推销员,他的事迹在全世界广为流传,他就是销售大师——乔·吉拉德。

你看,35岁之前的乔·吉拉德是个平庸甚至失败的人,这一切都是因为他没有找到自己的优势,但是,当他真的愿意一展所长并为之不懈努力时,他创造了他人难以企及的巨大成绩。

如果你口才出众、善于揣摩他人的心理,那就去做销售吧。只要你肯努力学习销售技巧,并逐渐形成销售特色,销售能力就会成为你的优势,并终将让你成为行业内的专家,甚至达到他人难以企及的高度。如果你写作能力和想象力都足够强,那就去写作吧,只要你多写多练习,终将成为写作领域的翘楚……找到你的优势,发挥你的优势,不断实践,你终将成就无与伦比的自己。

专注优势、制定目标并快速起航,成就自己的事业

说到这里,你已经知道天赋的重要性,那么,既然人人都有天赋,为什么大多数人的天赋终身不能被发挥出来呢?心理学上的木桶效应告诉我们,一个木桶,它能够装多少水,取决于最短的那块木板,即便它的长板很长,装进去的水也会通过短板漏出去。推及事业发展,我们都重视发展自己的长板,这块长板,就是我们的天赋,但与此同时,如果我们有一块致命的短板,比如懒惰、不够积极、不够努力,那么我们的优势终将为其所累。正如采铜老师在《精进:如何成为一个很厉害的人》一书中说的那样,"以大多数人的努力程度之低,根本轮不到拼天赋"。

这个世界上有太多太多能够分散我们注意力的东西,有太多太多可以消遣的娱乐项目,尤其是在结束一天忙碌的工作之后,大多数人都希望能够消遣一把。看看剧集、玩玩游戏、喝喝小酒、吹吹牛皮,不知不觉时间就悄然过去,于是我们的天赋优势最终为懒散的短板所拖累,上帝没有遗弃我们,是我们自己遗弃了自己。

网络上曾经流传过一句话,"下班后的4个小时,决定了你以后成为什么样的人"。当我们敢于填补短板,不再拖延、偷懒,去坚持、努力做一件事的时候,我们的知识和能力就会不断提升,我们的天赋就会凸显出来,最终成为我们可以倚重的资本。

不会做职业规划，怎么决胜职场？

对很多毕业生和准毕业生来说，迫在眉睫的大事之一，便是找一份好工作。

洛洛也是这样，在大学的最后一年里尽力去寻找工作机会，可是，直到他提着行李走出校门，也没有获得幸运之神的眷顾。和大多数同学一样，洛洛也是毕业即失业，更糟糕的是，读了4年书，临近毕业时，洛洛才发现自己并不喜欢从事本专业的工作。他没有什么人脉，也不知道去找什么样的工作，苍白的履历上几乎找不到一个亮点，只能靠海投简历去寻找工作机会。洛洛也明白，时间很宝贵，他也不想随随便便地找一个工作将就干，更不想做自己不喜欢的工作。

最理想的好工作，当然是钱多事儿少离家近，然而，但凡有点儿头脑的人都知道，一无背景二无光鲜履历的大学毕业生，太难得到这样从天而降的好工作。严峻的现实早已让我们领教了职场的残酷，也让我们懂得去脚踏实地地接受现实。

洛洛的情况代表了许多人毕业时的状态，他们没有工作经历，不知道自己的优势在哪里，不知道去找什么样的工作，也不知道什么样的工作适合自己，更缺少自信，甚至不能准确地为自己定位。在如今这个竞争激烈的时代，他们最需要的，是在认清现状的基础上，立即对自己进行职业生涯规划，明确职业方向，这样才能避免浪费大量时间和精力。

根据自身情况，脚踏实地地确立自己的职业理想

确立职业理想，不是计划自己在多少岁做到什么职位，而是把焦点放在可实现理想的路径上。这个理想，不是脱离实际的想象，而应该建立在自身的知识、能力、性格等方面的基础之上。职业理想，应该包含以下几方面内容。

表1：职业理想的内容

行业职位	你希望从事的行业和职位，如市场、管理、销售、客服、物流、行政、人事、技术等。
兴趣	你对什么工作最感兴趣？这个兴趣可以在哪个行业中施展出来？
技能	你最擅长什么技能，从事哪种工作可以施展你的技能？能否在这种工作中获得继续学习该技能的机会？
价值	你选择的工作，能否让你在知识、技能和能力上有所提升，并不断增值？
目标	你的职位选择是否与你的短期目标和长期目标相契合？
薪资待遇	你渴望的薪酬福利待遇是怎样的？
工作环境	你喜欢的工作环境是怎样的？可否做到生活与工作的平衡？
前景	这份职业未来的发展前景如何？
途径	实现职业理想的途径，如招聘要求、招聘渠道等。

确定了职业理想，可以让我们更清楚地认识到自己的优势和劣势：今后需要重点学习哪些技能？哪些能力需要加强？需要关注哪些方面的信息？……确立了职业理想，我们便可以集中精力致力于理想的实现，而不必在"我应该找什么样的工作"和"什么样的工作适合我"这些问题上彷徨，更能巧妙地避开干扰，全心去做自己最擅长的事情。

遵循 SMART 原则，制定可行性方案

制定职业生涯规划，看似是一件简单的事情，实际上如果想要这个计划更具可行性，就需要上升到技术的层面，对目标进行科学管理，并控制自我，这时可以使用 SMART 原则来确保规划的顺利执行。

表 2：SMART 原则

Specific 明确性	规划要细化且具体，切中目标，不能模棱两可。	不要说"我要做什么岗位""我要成功晋升"这类模糊的目标，而要说"我要在3个月内把业绩提升30%""明年月收入达到2万"。
Measurable 可量化	规划要尽可能量化，能够以绩效数据进行直观展示。	制定长远的目标，要可以量化到每月、每周、每天达成的小目标。
Attainable 可实现	规划的目标可以在付出努力的情况下得以实现，避免设立过高或过低的目标。	你设定的目标是可以达成的，比如入职一年完成多少工作量，这个工作量要结合实际情况设定。
Relevant 相关性	目标应该与其他目标有一定的关联性。	你选择的工作是销售，就应该学习销售心理学等能用得上的技能，如果去学绘画，那就只能白白浪费时间。
Time 时效性	目标要有时效性，要在一定的时间内完成，时间到了就要看结果。	计划完成一个任务，就要设定一个时间期限，比如在五天之内完成。

SMART 原则不但可以运用到职业规划上，还可以用在一切目标的实现过程中，这五个原则是综合、互补的关系，灵活运用，可以确保我们的职业规划顺利进行，并最终实现职业理想。

分解目标，逐步行动

无论多么完美的计划，最终都要靠脚踏实地的行动来实现，正如拿破仑所言："人要花时间深思，但在该采取行动的时候，就要立马停止思考，果断行动。"如果规划不能被执行，那么它便只是规划，永远成不了事实。立即行动，开始执行你的职业规划，现在就是最好的时机。

我们在这里所说的行动，指的是可以被落实的具体措施，将规划细分成具体的步骤，落实下去，一步一步实现职业理想。

举个简单的例子，我们的职业发展大多离不开求职→入职→升职→跳槽→升职这些步骤。以第一步求职来说，落实到行动上，我们要做的事情就应该包括以下几项：

① 分析自身情况，制定职业生涯规划，确立职业理想；

② 按照求职理想制作一份有针对性的漂亮简历；

③ 关注行业招聘信息，投递简历，争取面试机会；

④ 整理仪容，注意着装，积极参加面试；

⑤ 总结失败经验，下次尽量避开面试雷区；

……

永远不要说"等我准备充分再去做""等我状态好的时候再去做"，时间一直向前走，能让我们跟上时间脚步、快速获得进步、实现目标最好的途径，就是立即行动。

职业规划其实并不复杂，需要的是我们要多剖析自己，多思考、多总结、多行动，将精力放在工作上，不要为关系不大的事情耗费心神。目标的达成、机会的降临，往往都是建立在能力和业绩的基础上，如果你没有借助别人的肩膀,也没有可以依仗的人脉关系,只有父母亲友的督促和期望,那么就将其化为动力,不慌不忙,一步一步地按照制定好的职业规划去行动,主动迎接变化与挑战,机会会越来越多,天堑终究会变为坦途,你最终会实现自己的职业理想。

关注五大要素，找对好工作

第一次参加现场人才招聘会，小柯就被会场摩肩接踵的人群惊呆了，每一个招聘摊位前都挤满了人。体格并不健壮的小柯在一个摊位前挤了几次也没有成功，他沮丧地叹了口气，好不容易才挤到下一个摊位前，可是对方听说他是应届毕业生后，立即拒绝了他的简历，表示他们不招聘应届毕业生，连续几家都是如此。一直到了中午时分，小柯看着应聘人员相继离去，招聘方也开始收拾资料离场了，才又走到一个招聘摊位前，直接问道："请问贵公司招聘应届毕业生吗？"

负责招聘的HR抬眼望了他一眼，又指指招聘海报："那么，你想应聘什么岗位呢？"

"我也不知道，我刚毕业，没有经验，我参加了好几次招聘会，可许多公司一听说我是应届毕业生，就直接拒绝了！我在网上投了多份简历，也参加过几次面试，可惜后来就都没有下文了……"小柯很无奈地说。

HR是个热心肠，听到这里提醒他："你有清晰的职业规划吗？认真分析过自己的优势和长处吗？对工作有哪些期待？又能为公司创造什么价值呢？这些问题你想过吗？"

小柯茫然地摇摇头，HR语重心长地说："那么，现在好好想一想吧，否则即便你找到了工作，也不会是一份适合你的好工作……"

大学毕业，本该是走向人生新征程的时刻，可是许多毕业生却很难找到一份适合自己的好工作，其中不乏企业偏见的原因（例如有许多企业认为应届毕业生稳定性差、动手能力差、眼界过高、缺乏耐心等），但造成毕业生求职屡屡受挫的更大原因却是其自身。许多毕业生没有清晰的职业规划，不知道自己能做什么样的工作，也不知道什么样的工作适合自己。他们今天想考公务员，明天又纠结着是否去外企，完全不知道哪一种平台更适合自己。还有一些人没有任何经验，却不肯从基层做起，刚毕业就希望拿很高的薪水，结果自然很难找到好工作，甚至根本就找不到工作。其实，这个世界上可能有很多好工作，但好工作需要的是能力与其匹配、价值观与其契合的人才。Boss 们都不是傻子，HR 们都精明无比，所以那些没有任何经验和成绩的人，想找一份薪资高、环境好、发展前景广阔的工作，简直是在妄想。

对应届毕业生来说，立足于现实，根据自己的情况作出正确判断，选对平台、找对岗位并付出努力，将来才能拥有一份好工作。没错，好工作不可能是现成的，是需要我们做出来的！

好工作的五大要素

真正适合我们的好工作，应该具备以下特点——

（1）持续成长：好工作应该能够让你持续成长，提升能力。

一份好工作，应该是可替代性较弱的。也许开始的时候你做得并不好，然而通过学习和锻炼，你的能力不断提升。如果在适应工作之后，你依然可以在工作中不断挑战自己，甚至成为这个领域的顶尖人才，那这个工作就称得上是好工作。

当然，也有一些工作，在最开始的时候需要你去基层学习、历练，这时可以自行判断或者与HR进行商谈，如果确实是工作需要，那就不宜因一时的环境变化而推辞。

（2）环境舒适：好工作应该能让你感受到被尊重，领导和同事关系较融洽。

工作环境，包括学习、工作氛围和人际关系等多方面，达到环境舒适的要求其实比较难，我们没有进入一家公司之前，很难知道自己的领导和同事是什么样的人，也很难知道公司氛围怎样，只能尽量根据一些细节，如公司的环境状况、员工的精神面貌、领导有没有时间观念、前台工作态度等去揣摩。有的工作即便待遇一般，但老板很有抱负，企业也很有使命感，学习、发展的平台较好，同事、领导之间的关系也较为融洽，也能称得上是一份好工作。

（3）行业前景：好工作应该在一个发展前景较好的行业或公司。

有些行业正在随着信息化的发展而老去，我们尽量不要选择那些即将被淘汰的行业，否则即便你将来很努力，也可能会随着市场的萎缩而被社会所淘汰。而机器人、VR、自媒体等前景较好的行业就是我们可以选择进入的行业，移动信息、视频技术、机器人都是未来社会发展的趋势所在，前景较好的行业不止会给你带来价值的体验，还能让你从工作中收获成就感。

（4）状态健康：好工作应该让员工有一个健康的工作和生活状态。

好的工作，应该能让员工心理状态较为平和；能够让员工主动工作、解决工作难题；好工作应该工作量适中，无需让员工过度加班；好工作还应该让员工能够平衡工作和生活，工作地点最好不要离居住地太远，以保证员工有私人时间学习和生活。

（5）薪资待遇：好工作应该让员工获得合理的薪资待遇。

之所以要把这一点放在最后，是因为相比较其他因素而言，薪资待遇应该是刚刚步入职场的人最后考虑的。我们不能否认，薪水很重要，但是对于刚刚步入职场的人来说，发展前景和机会更重要。薪资待遇有两部分构成，一部分是薪水，一部分是福利，关于薪资的水平和标准，我们不应该过度关注，却也不能全然不关注，可以在面试的时候询问面试官薪资水平，毕竟我们要工作，也要生活。

当一份工作包含了以上5个条件，那么对于毕业生来说，就是一份极好的工作！初入职场时，我们应该以学习和提升能力为主，工作状态比工作本身更重要，喜欢上自己的工作，才能在工作中收获良多，升职加薪也会随之而来。工作的顺利会进一步反哺生活、滋养心灵，让我们更好地感受生活的美好。

如何找到好工作

认识了什么是好工作，我们接下来再来分析怎么去找一份好工作。

（1）了解行业和岗位的分布、经营状况。

当我们明晰了职业规划，确认了好工作的标准，接下来就应该在网上寻找跟自己工作目标相接近的企业，并做出分析。比如你从机械设计专业毕业，想找一份与专业相关的工作，那么你首先要明白，只有制造业能给你提供工作机会，而品类繁多的制造业，哪一种更适合你呢？此时我们就应该对当前的经济形势进行适当分析，冶金行业、矿山机械行业、医疗器械制造行业、玻璃深度加工行业等,哪一种或几种行业前景较好?锁定了行业之后,再进一步筛选,找出这个行业排名靠前的5家或者10家公司,再搜索这些企业的相关信息,看这些企业有没有正在招聘员工,有没有适合你的岗位。多关注,总有机会。

(2)多渠道并进,寻找合适的工作机会。

选定了想要加入的公司,接下来就要想办法通过多种渠道寻找适合自己的工作机会。

①人脉渠道:人脉的力量往往会发挥超乎寻常的作用,我们在平时积累的人脉此时可能发挥出巨大的作用。同专业的学姐学长们都进入了哪些公司?亲戚朋友有没有在相关企业工作的?他们可不可以在公司招聘的时候帮你举荐?多和他们沟通,也许就会找到合适的工作机会。

②网络渠道:网络招聘如今已经占据了招聘市场的大半江山,招聘的规模和涉及面也越来越大,我们足不出户就能在网上筛选出适合自己的工作岗位,总有机会发现合适的。

③专业招聘会:很多企业会参加招聘会,我们可以在校园招聘会或地方性的大规模招聘会寻找机会,这也是寻找好工作的一个有效渠道。

(3)找到自己与应聘职位之间的差距,努力提升自己,缩小差距。

企业招聘员工,为的是让员工为企业创造价值,自然会对应聘者的能力提出适当要求。我们可以在网络上看看自己想要应聘的岗位需要哪些技能,多看几家,记录下要求,然后按照他们的岗位要求展开学习或查询相关资料,直至自己的经验达到应聘要求后,再去写一份与用工方要求高度契合的简历,直接投递到HR的邮箱,面试成功的概率会提高许多。

最后要说一句,在用工方开始招聘时,只要我们符合了 3/4 的应聘条件,即可投递简历,不必苛求完全符合。愿我们都能找到理想的好工作!

"做正确的事"，比"正确做事"更重要吗？

职场之中，"做正确的事"和"正确做事"哪个更重要，一直是一个争议颇多的问题。"做正确的事"即选择什么行业或职业，"正确做事"指的是积极努力地工作。很多人觉得，如果做的事本身就错了，那么再努力去做事，也只会白费力气，越走越远；也有人觉得，如果不知道怎么做事，那么即便遇到做正确的事的机会，也根本抓不住。那么，二者之中，孰重孰轻，我们该如何看待这个问题呢？

谨慎选择职业，去做"正确的事"

随着信息化的发展，洞察各行业的发展状态已经不是什么难事。事实上，几乎每年都会有各行业收入统计榜单，我们很容易就能发现，不同的行业收入差距越来越大。通俗一点来说，进对了行业，事业发展的前景就广阔，收入也完全不成问题。那么，从未来职业趋势来看，进入哪些行业才是明智的选择呢？

（1）传统行业正在遭遇挑战，你确定要加入？

很显然，传统的劳动密集型企业正在遭遇越来越大的挑战，机械化的广泛普及，机器人研发事业的快速发展，都会对从事传统行业的人员造成一定冲击，尤其是可替代性强的工种，未来被他人或智能终端取代的可能性正在增加。也就是说，在不久的将来，精工作业会取代劳动密集型企业，如果你不希望将来成为被替代的那一批人，也不希望将来守着一个岗位，薪资水平得不到很大的发展，那么就不要从事传统的劳动密集型行业。

如果很不幸，你的专业决定了你会进入传统行业，而你又不想放弃自己的专业优势，零基础进入另一个行业，也有解决办法。工作的同时，利用业余时间学习与本行业有关的互联网操作、智能办公等技能，将来也会有发展的机会。

（2）新兴行业发展势头迅猛，可以作为工作的方向。

任何一个行业，在发展初期，都会提供大量就业机会，只要你踏实努力，在短时间内就可以取得相对好的成绩，并获得相应的回报。而当这个行业发展到成熟阶段，行业壁垒就建立起来，不止规矩增多，而且很难进入，获得的回报也呈现下降趋势。所以，如果你决定转行，或者暂时不确定想要做什么，可以选择进入新兴行业，如今最具代表性的行业就是互联网。举个例子，学传统媒体的，可以加入网络媒体、新兴的自媒体或者其他互联网内容输出媒介；教育专业毕业的，可以试试在线教育；电影专业的，不妨试着加入短视频、微电影行业；做市场营销的，也可以尝试网店运营等。虽然这些新兴行业的发展也快慢不一，但存在大量的机会，如果能够抓住机会，那么未来的发展就不成问题。

（3）选对行业，更要选对岗位。

在同一个行业内，不同的岗位，在薪资水平和发展空间上也是千差万别。那么什么样的岗位更有发展空间呢？很显然，是一家公司内核心的、可以创造利润且工作结果可以被量化的岗位，比如网店的运营显然比客服收入更高，因为运营有技术含量，而且决策正确与否直接关系着公司的盈利状况。

选择正确的努力方向，可以让我们的努力更有价值，这是踏入职场成功的第一步。

不"正确做事"，你连选择的权利也不会有

"做正确的事情"当然很重要，但是对大多数职场新人来说，最为迫切的事情，是找到一份工作，解决自己的生存问题。

杨雪很幸运，拿到毕业证书的第一个月，就找到了工作，专业对口，工作也不是很忙，公司环境也不错，虽然薪水不多，但和其他同学相比，也算不错。正在大家纷纷羡慕杨雪的幸运时，她突然辞职了，原因很简单，她觉得自己进错了公司，选错了岗位，即便再努力，也只是在浪费时间。"我一定要找一家适合自己的公司！"杨雪对朋友、也是对自己说，"做正确的事"比"正确做事"更重要。

我们不能否认，"做正确的事"的确很重要，所以我们要做职业规划，要费尽心力去寻找适合自己的工作，但是这并不意味着"正确做事"就不重要。事实上，对刚刚毕业、好不容易找到一份工作的毕业生来说，"正确做事"更为重要。

作为一名刚刚毕业的学生，杨雪还没有度过实习期就提出离职，此时她根本没有什么工作经验，也没有认真地熟悉工作的流程，甚至没有试着为工作努力过，怎么能确定自己所选择的工作就是错误的呢？事实上，有很多好机会都是在努力之后才获得的。初入职场，我们几乎没有什么把握机会的资本，即便真的有机会，也凭着几分运气抓住了机会，

恐怕以初出茅庐的水平和能力，也很难胜任。

刘卿和杨雪相比，求职之路就走得艰辛了许多。高考落榜的她，早早走上了社会，因为学历不高，只能做一些劳动强度大、薪水低的工作。因为长得还算漂亮，她进入了一家房地产公司做销售，每天站在售楼部门口向路过的客人兜售房子，有时为了找到更多客户，她还到大街上派发宣传单。即便工作如此努力，她在入职的第一个月一套房子也没有卖出去，但刘卿并没有因此觉得自己入错了行，她开始偷偷地观察其他同事，尤其是那些成绩出色同事的推销方式，第二个月终于卖出了两套房子……两年以后，刘卿已经成了房地产公司的金牌销售，她的收入超过了许多白领。出色的销售成绩让她获得许多事业发展机会，在地产公司工作的第四年，刘卿在工作期间结识了一位企业家，进而跳槽成了这家企业的营销经理，后来她还利用业余时间读了大学，事业和学业双丰收。

如果刘卿没有好好做事，她怎么可能获得后来的工作机会？所以，面对严苛的就业形势，有事可做、正确做事更为重要。如果好工作暂时没有向你抛出橄榄枝，那么不妨静下心来，认认真真地做好手头的工作，努力积累职场经验，当能力和人脉积累到一定程度，才有更多的选择机会。所以，现阶段的我们，首先要正确做事，才能拥有做正确的事的选择权。

事业进入发展期：做"正确的事"，更要"正确做事"

刚毕业时，可供我们选择的机会并不多，那些看起来更为正确的工作机会可能以我们的能力根本无法触及，或者即便得到机会也很难做好，所以在初入职场时，我们只能要求自己去正确做事，直至我们积累了一定经验。如果当前的工作可替代性很强，什么人都能做，你决定要离开，那么也应该在离开之前做好收尾工作，给自己曾经的工作划上一个完美的句号。如果此时我们已经能从当前的工作中发现发展机会，那么现在的工作就是我们以后职业发展的重心，把工作做到极致，得到上司和同事的认可，自然能出人头地。

李娅进入一家外贸公司做采购，入职的第一天她就感受到了重重危机。公司原来的采购人员是个工作狂，经常加班，当然，他的努力也换来了相应的回报，他升了职，李娅成了继任者。李娅很明白，如果她不能像原采购一样努力把工作做好，那么她就无法获得认可，想要得到认可，并获得升职机会，她就必须把工作做到极致，成果甚至要超出前任采购。想要做得比前任好，只靠加班显然已经走不通了，前任加班的程度已经难以超越。李娅苦苦思索，决定遵从二八定律，从效率入手，抓重要部分。她首先理出工作流程，将所有的产品放进表格里，然后根据销量将产品进行排序，并根据销量确认重要程度，又将产品的重要程度分为A、B、C三个等级，主抓A级产品，时刻关注A类产品库存情况，确保这类产品不断货，但又不能造成库存大量积压；B类产品属于日常补货产品，可能会断货，但只要控制在合理范围内即可；至于C类产品，销量比较差，基本不会断货，这样在产品管理时便可以节省精力，有的放矢。确保工作流程正常运转之后，李娅继续优化工作流程，以确保资金分配更合理。一年以后，这份原来并不被李娅看好的工作，给她带来了丰厚的回报，她被评为年度优秀员工，薪水也涨了50%。

其实，很多看上去不好的工作，并不是因为工作本身不够好，而是因为做这份工作的人没把它做好。同样的一份工作，有的人能够做得风生水起，有的人却犹如困兽不得其门而入，这其中，可能有天分的区别，但更多则是来自于认知和努力的差异。无论命运将我们安排在哪个位置，我们都要努力做事，不抗拒、不拖延，把工作做到极致，也许曾经看似错误的选择，其实也是正确的事。

说到这儿，什么样的事才是正确的事呢？

一个简单粗暴的理论就是，当你工作中连加班也不觉得累时，就是在做正确的事。可惜的是，这个世界上80%的人一辈子也没有爱上自己的工作，工作于他们，只是养家糊口的手段。如果你努力了许久，依然觉得现在的工作并不能给你快乐，只是你获取生存资本的工具，那么很可能你做的事就不是正确的事。

人生的不同阶段要做不同的事，当我们刚参加工作的时候，首先要面临生存问题，这个阶段，找到一份工作，正确做事更重要。当我们解决了生存的问题，上升到生活的阶段，遵从自己的内心，做正确的事就成了重中之重，你get到要点了吗？

亮眼的简历，就该这么写

据有关调查显示，较好的工作岗位，在公开招聘时收到的简历动辄几百份，甚至上千份。在数量庞大的简历中，真正能被打开的简历只是极少的一部分，即便是这些被打开的简历，HR 大多也只是简单地浏览一下，用时一般不超过 30 秒。那么，没有工作经验的我们该怎样让自己的简历脱颖而出，在 30 秒内引起 HR 的注意进而获得面试机会呢？这就要在简历上下功夫了。

了解招聘方需求，有的放矢写入招聘方想要看到的东西

对刚毕业的求职者而言，最大的问题是没有东西可以写：工作经验为零，学历可能也不太出彩，实践经验不足，甚至身高、体重都毫无亮点。于是，有些人便试图以外观引起 HR 的注意，花了许多心思把外观和版面设计得特别漂亮，而内容很一般，大多是很笼统的介绍，比如勤奋刻苦、成绩优异，还有几个爱好……但这些东西，根本就背离了我们制作简历的本意——告诉 HR 你有哪些能力可以为公司创造效益。与这些在你看来比较重要的东西相比，HR 可能更愿意看到你的社会实践经历、学习能力以及专业优势。

知己知彼，百战不殆。在制作简历之前，我们得先了解 HR 最看重应聘者的哪些方面。根据有关调查显示，HR 一般看中应聘者 4 个方面

的素质：基本属性、工作经验、专业技能及自我评价，这几个方面才是我们简历应该着重强调的部分。

写好基本属性，赢得良好印象

基本属性包括很多方面，如年龄、性别、籍贯、身高、学历、家庭状况等，这其中，HR 最看重的是学历。

对于刚走出大学校门的学生而言，没有什么拿得出手的工作经验，学历的高低、是否名校出身便成了直接反映求职者学习及专业能力的最直接标准。如果你名校毕业，专业又与求职岗位对口，那么胜出的概率就会大很多。如果你的学历不太出彩，但是在完成学业的同时还拿到了几个含金量颇重的证书，或者在学习的同时有过实践或创业经历，那么也有可能会获得 HR 的青睐。如果这些你都不具备，也别灰心，可以先找一份同行业但要求相对较低的工作过渡，这样一则能挣到一份薪水，解决生活问题；二则在工作期间可以不脱产报学历晋升课程，或者考取相关证书；三则也可获取相关工作经验，等到学历或证书到手，你也有了相关的经验，届时便有机会进入理想的公司。

其他基本属性，在求职时也会产生一定影响，比如应聘销售岗位，如果家庭成员中有相关资源，会提高应聘的成功率；应聘酒店或其他服务行业，身高、体重、外貌则会成为有竞争力的方面。

没有工作经验？但你有社会实践经验

HR 的工作，就是为企业找到与岗位匹配度较高的人，力求降低培养成本，将员工的输出价值最大化。刚毕业的学生虽然学习能力强、潜力大、可塑性强，但同时也具备太多不稳定因素。企业之所以不愿意招聘毕业生，就是因为他们担心好不容易把新人培养成熟练工，可毕业生还没工作多长时间就跳槽了，白白浪费企业的时间和培训成本。所以，我们要在简历上让HR看到，我们有经验，社会经验也重要。

在填写简历时，将读书时的社会实践经验列出，并以事例和数据形式展示出来，表明自己拥有所应聘单位所要求的沟通能力、统筹能力、文案能力、团队精神以及其他应聘职位所要求的能力，足以胜任工作，无需企业投入大量成本培养。

这一部分内容，体现在简历上，则应简明扼要地介绍社会实践内容，并展示取得的成绩，最好能以数据形式显示出来，比如"在教学实习期间，学生成绩有了明显提高，学科及格率较上一学期提升25%"等。

简历上，教育经历、校内经历应该往后排，单位最关心的是求职者的实习经验、项目经验。当然，如果你曾经参加过和应聘岗位相关的培训，也应该在简历中写出来，这也是加分的项目。

当然，也有不少人会杜撰一些工作经历，进而获得工作机会，这样做会有4种后果：第一种是掩饰得很好，一直没有被发现；第二种是被发现了，但是因为表现很好，用工方选择了沉默；第三种是被发现，遭到辞退；第四种是应聘时直接被识破。四种情况，第一种和第二种不会让人失去工作；第三种不但失去工作，还会留下污点；第四种是面子受损。这种杜撰经历的事儿还是不要去做，诚实、踏实是做人的准则，不要为此给人生留下污点。

下面，我们就有针对性地根据简历职责要求，写出工作经历，实例如下：

表3：与岗位职责对应的简历

岗位职责	简历示范
·负责与客户的沟通与协调； ·亲和力好，能与团队成员友好合作； ·熟练掌握Photoshop、office办公软件； ·及时维护客户信息，并定期对客户进行跟踪回访。	大三暑假期间，曾经在一家房产交易中心做过短期工，工作内容如下： ·负责与来访客户进行沟通、协调； ·使用Excel和Word软件进行统计，并用Photoshop制作图文说明； ·记录整理客户档案，任职的2个月内，将半年的成交记录整理归档，大大提高了办公效率； ·每周都会通过电话询问客户购买意向，并及时进行信息反馈。

专业技能很重要，排列先后顺序同样重要

很多岗位在招聘时会要求求职者掌握一定的专业技能，如果你想应聘该职位，又没有相关技能，那么就应该立即去学。如果对方要求的技能简单易学，我们可以直接写到简历上，然后抓紧时间去学，争取在短时间内熟练掌握。如果你已经掌握了该项技能，那么也应该想办法让自己在众多拥有该技能的应聘者中脱颖而出。

（1）多项技能的排列顺序，根据职位相关度确定。

工作要求你熟练掌握coredraw，你就把coredraw写在前面，如果要求你有视频剪辑能力，你就把绘声绘影、爱剪辑等技能靠前排，至于Word、Excel、PowerPoint等办公软件，已经成为工作标配，不宜在

简历中过分强调,放在最后顺带说一下即可。

(2)强调技能的熟练度,拿数据或作品来说话。

很多人喜欢拿自己的各种证书来说话,但这并不是表达能力强的最有力工具,最有力的工具,应该是作品和成绩。如果你应聘的职位是文案策划,那么就应该把自己的作品好好排序,做成一部作品集,如果没有作品,就展示一些能够代表你创意的习作。这些都是平时的积累,不是临时抱佛脚的结果。如果在你的人际圈子里有相关行业的前辈,建议你经常帮他做点事,请他带带自己,等你熟悉了,有经验了,也就能做出自己的作品了。

写自我评价,是因为你要说服对方聘用自己

自我评价这部分内容,其实可以更直白地表述为"我能为贵公司做些什么",因为这一部分的重点并不在于展示求职者有多优秀,而是通过文字告诉对方"我有能力和热情帮贵公司做事",说服对方聘用自己。因此,自我评价的重心应该围绕对方的需求点展开。

(1)要简单介绍一下自己,根据职位要求描述一下自己的优势和特长,有没有什么对方可能用到的资源,比如你掌握了对方需要的某些技能,熟悉这个圈子,对这一行有着向往和热爱等。

(2)简要介绍一下自己的职业愿景以及能为公司带来的效益。这一部分内容,要侧重展示自己对这份工作的热情以及愿意尽力在这个行业里奋斗。

HR的时间都很宝贵,如果可以,将"自我评价"的内容简明扼要地逐条列出,示例如下:

表4：自我评价的内容

示范	举例
1.有相关经验，无需对方浪费大量时间培训。	1.能高效完成工作——做过自媒体，熟悉自媒体的写作和推广方式。
2.拥有一定资源，能帮对方快速解决问题。	2.有写手和推广资源——在自媒体的征稿和推广中结识了大批优质写手，并与多家自媒体保持着良好的互动沟通。
3.对这个行业有热情，能够快速展开工作。	3.热爱自媒体行业——自媒体在未来有着广阔的发展前景，我矢志在这一行业中努力发展，实现公司与个人发展的双赢。

不可忽视的简历细节，别让自己败在最不应该的地方

简历是求职者的敲门砖，能不能引起HR的关注，内容很关键，然而忽视了细节，也可能会让简历石沉大海。下面，我们就为大家介绍一下制作、投递简历时需要注意的一些细节。

（1）简历名称。

许多人简历制作完成，喜欢把简历文件名保存为"简历""个人简历"，HR收到简历，根本不知道是谁在投递简历，也不知道你要应聘什么职位。即便简历被打开、被看中，HR保存简历时还需要修改简历名称，给他增加了麻烦。正确的做法是，我们在投递简历时，应该首先把简历的名称改为HR可以一眼看出的内容，可以是"姓名+简历+应聘职位+联系方式"的模板，例如"李娅+简历+自媒体编辑+135********"或者"李娅+求职+自媒体编辑"，同时把这个简历标题作为邮件的标题，让HR一眼就能看出，避免错失机会。

（2）简历排版和长度。

有些简历内容写得很详细，恨不能把所有相关、不相关的内容全都写上去，排版密密麻麻，HR一看就会觉得头痛，很难一眼看到她想看的东西。文字之间的间距也有问题，读起来很吃力。这种简历很难让HR有好感，只会让他觉得你的提炼能力有问题，所以建议大家尽量把简历写得简明扼要。

有些人为了标新立异，把简历做得花里胡哨，很容易让人感觉形式大于内容，如果不是应聘创意策划或设计类工作，最好还是以黑白字体显示，如果有想要强调的内容，可以通过线条、粗体等方式突出。

还有简历做得很长，洋洋洒洒很多页，也让人不愿意看下去。如果应聘者真的有很多内容要写，超出了1页就应该做一个目录，比如有些岗位要求你提供作品，可以在作品列表里填写作品的网址链接或者通过附件方式发送，简历内容尽量控制在两页内。

现在，就去制作一份适合你的简历吧！

Chapter 2
好心态
绘制你的事业蓝图

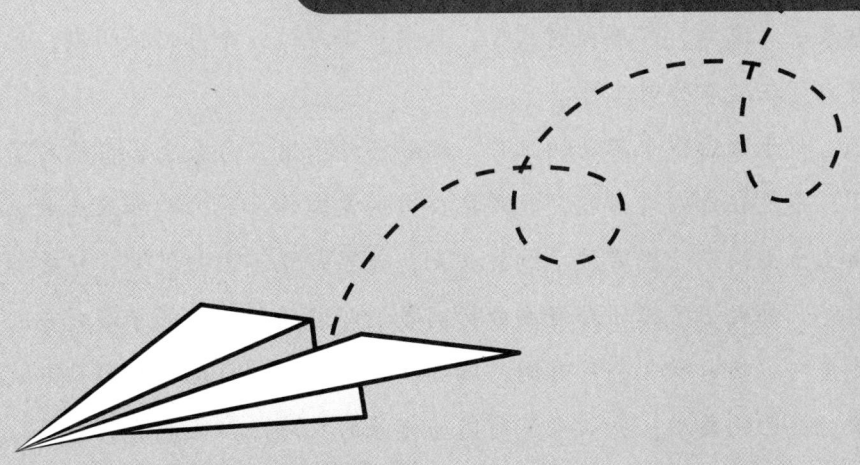

因为没经验，
所以更勇敢

毕业之后，是选择自己喜欢的工作还是差不多就好？

瑶瑶坚定地认为，一定要选择自己喜欢的工作，所以毕业之后，瑶瑶就失业了。她不想像其他同学那样找专业对口的教师工作，或者随便去一家公司做秘书、文员，她想成为一名媒体人。跨专业找工作本就不容易，更何况她还是一个没有任何经验的应届毕业生。毕业之后，瑶瑶一直在找工作，向各家大大小小的媒体投递简历，几乎每一封求职信都如石沉大海，直至半年之后，一家新媒体公司向瑶瑶抛出了橄榄枝，给了她一次面试机会。瑶瑶欣喜若狂，做好了各种准备，结果还算满意，瑶瑶被聘用了，只要平安度过3个月的试用期，她就可以留在这家公司工作。

对于这份得来不易的工作，瑶瑶格外珍惜，每天上班都铆足了劲儿，不是在外四处奔波，就是在公司伏案写作。因为非专业出身，瑶瑶交出去的稿子经常被主编打回来，瑶瑶却并不因此退缩，她更加努力了，每天下了班还会仔细分析同事们写过的稿子，并学习更多的写作技巧。实习的3个月时间，瑶瑶从来没有因为自己还在实习期就放松对自己的要求，也从来没有因为领导的批评而产生放弃的念头。瑶瑶觉得，现阶段的自己，只有尝试各种写作方式，才能快速成长；只有积累经验，吸取教训，以后才能写出更好的文章。所以，每一次稿件被退，对她来说都是一次宝贵的学习机会。实习期结束的时候，瑶瑶交出了一份满意的成绩单，她的稿子第一次只字未动地被全篇采用了。

　　从一无所知的媒体小白，到成稿率颇高的专业记者，瑶瑶遇到过各种失败和考验，但是每一次她都不曾退缩，因为没经验，所以不怕犯错，所以更加勇敢。职场之中，每一位新人都会经历从懵懂到熟练的过程，在缺少经验的时候，我们更要多多学习，尝试各种可能，因为职场新人，向来不会被委以重任，即便犯了错，也是无关痛痒的小错，更容易被原谅，而每一次犯错与改正，都会让我们加速成长。

没经验怕什么，多尝试才能快速成长

　　从小接受应试教育的我们，大多被非对即错的评价标准左右人生。我们做过无数张试卷，每一张都在强调，对的越多越容易受到表扬，错的越多越会遭遇否定、批评，尤其是在至关重要的中考、高考中，一不小心犯下的错便可能让我们远离梦想。是的，学校是一个拒绝犯错的地方，是一个一战即决定命运的世界。在这种观念的影响下，许多人离开学校、走上职场后依然不敢犯错，他们战战兢兢，不敢多走一步路，不敢多说一句话，唯恐稍有差池就失去上司和同事的认可。但是，职场是一个需要创新思维的地方，而创新，不是靠循规蹈矩实现的。事实上，几乎每一次创新，都要经历不断的试错才能成功，如果总担心犯错会给自己的职业生涯带来不良影响，那么我们成长的步伐必然会受到阻碍。即便能平安度过试用期，顺利转正、升职，但职位越高也就越怕犯错，最终，我们的保守会把公司带入一个死胡同，缺少创新、不敢冒险的公司怎么能适应日新月异的社会？

也许有人会担心刚入职就犯错会给领导留下不好的印象，其实并不是这样，我们的确可能会因为犯错遭受领导批评，但领导的批评只是就事而论，并非针对我们的人格。事实上，很少有新人不犯错误，犯错并不可怕，只要我们能从错误中吸取教训，把经验应用于之后的工作之中，这也是职业成长的一个重要部分。职场新人做事，最可怕的是不作为及犯错之后掩饰错误。

失败有什么关系，去做吧！

小雅刚入职时，因为没有经验，经常做错事，有一次弄错了单据，惹怒了一位老顾客，经理把她喊到办公室，狠狠地批评了一顿。小雅眼里含着泪水，战战兢兢地说："对不起，经理，我知道错了，这都怪我没经验，希望您能多指导我一下，以后我一定不会再犯这种错！"经理见小雅态度诚恳，也不再多说什么，以后做事的时候也会喊小雅跟着学习。就这样，小雅因勇敢承认错误，得到了经理的谅解，又获得了学习的机会，能力不断提升，后来还成了公司销售部的中坚力量。

上司让你帮忙做一个PPT，你不太擅长，担心接下工作会把事情弄砸，于是说："我不太会做PPT，等我学得更精通了再来做吧！"结果上司把工作交给了别人，别人虽然也不太会，但愿意去摸索，去学习，并向他人请教，最终圆满地完成了领导交代的任务，获得了上司的好感，而你，则失去了一次表现的机会。

公司举办业务比赛，你觉得自己是个新人，能力肯定比不上那些有经验的人，于是连报名也不敢报，只能眼睁睁地看着别人在舞台上挥洒自如。当上司问你为什么不参加时，你说："我没有经验，上去也是徒增笑料！"结果上司看你的眼神又多了一丝轻蔑，一个什么都不敢做的人怎么可能会有出息？

同事们都出去做活动了，留你一个人看守大本营，上司打电话，让你接待一位突然到访的客户，你吞吞吐吐、战战兢兢，唯恐自己处理不当，结果客人看你一副神不守舍的模样，什么也没说就告辞了，领导回来，瞪着你半天都说不出话来……

为什么你总是不勇敢、不敢主动承担任务呢？因为你觉得少做少错，这样可以避免犯错，才不至于让上司怀疑你的能力，但你不知道，一个人不主动找机会表现自己，就等于放弃了在职场中稳步上升的机会。

经验不够，学习来凑

职场新人最缺少的就是经验。因为没有经验，我们才会战战兢兢，才会担心犯错，既然如此，为什么不多多学习呢？我们可以犯错，但更应该有价值地犯错，如果是因为知识的缺失而犯错，那就无甚价值可言。毕竟，现在互联网这么发达，很多事情在百度、知乎、果壳搜索一下，就能找到解决办法，又何必让自己犯下一个不该犯的错，硬着头皮挨别人的骂呢？做一个合格的职场人，在没经验的时候更要积极去学习，熟知职场技能，才能更快、更好地融入职场。

主动积极地表现自己，其实是获得他人认可的最有效捷径，总是以各种借口搪塞、唯恐犯错的人只能被长久地埋没，即便满腹经纶，也难有用武之地。其实，于新人而言，犯错、失败又有什么关系呢？或许会让我们因犯错而遭受批评，但每一次批评都会给我们奋进的力量，让我们更积极主动地去学习、去提升职场技能。趁着年轻，勇敢去尝试，这样我们以后才不至于犯下更大的错误。当然，我们虽不畏惧犯错，但也不犯低级错误，同一个错误只错一次，并且能从每一次错误中学到东西，这样的犯错才是有价值的犯错，否则就只能称作"蠢"了。

多看，多做，多向他人学习

职场和学校不一样，这里是发挥才智、创造价值的地方，要求我们有较高的智商和情商，但与此同时，职场与学校也有许多相同之处，比如都需要我们努力去学习，尤其是对那些初入职场的新人来说。我们总会经历懵懂、反省、总结的过程，在此期间，我们要多看，多做，多学习，熟悉工作流程，掌握更多工作技巧，并不断提升个人能力。

眼中有事儿，手中有活儿，才能更快融入职场

华瑞已工作半月有余，但是这半个月，她过得没有一点安全感，因为她感觉自己好像并不被需要。就像现在，她坐在办公桌前半个小时了，也没有人过来给她安排工作，看着周围的同事们要么匆匆忙忙地进进出出，要么坐在电脑前噼里啪啦地敲着键盘，没有一个人如她一般只是重复着无聊的动作，以掩饰内心的焦虑。这就是工作吗？似乎与想象的相差太远。一位同事传给华瑞一叠文件，让他复印5份，待会儿开会要用，华瑞点点头，立即起身去做，这类工作，是个人就能做，她实在瞧不上眼。又过了一会儿，经理走了进来，对华瑞说："客人来了，你过去招呼一下！"华瑞心头反感大增，自己是来做文案策划的，不是来做服务员的，怎么什么事情都往自己这边推？心里虽然不快，她面上却不动声色，这年头，工作不易，能忍且忍吧！

经理室里,华瑞走进走出地为客人斟茶倒水,送去果盘点心,经理和客人还在谈论着项目合作,她站在一旁,脑子里已经神游太虚,根本不知道他们在说什么。

送走了客人,经理问华瑞:"你来了也有半个月了,现在你对公司已经足够了解了吗?对自己的工作又有什么想法呢?"

华瑞嗫嚅了一阵,吭吭哧哧地说了几点。

经理看着她的样子,摇了摇头:"本来这些话不该我来说,但是想了想,还是决定告诉你,职场不是学校,没有老师给你授课,你得自己主动去看,去做,去学习,去摸索,有不明白的东西要主动去问,别人也有很多事要做,他们不会主动教你的……就像刚刚我喊你过来招待客人,如果你认真听了,就知道我们的谈话会涉及这个行业的交易流程等许多知识,你听了就能对我们公司更加了解,以后也能应用于工作,不过我看你的状态,应该并没有认真听吧……"

华瑞听着经理的谆谆教诲,脑袋一垂再垂,为自己的懵懂无知,也为曾经的虚度时光而惭愧。

职场没有老师,却依然需要我们多看,多做,并努力学习,这是我们能否顺利从小白迅速成长为企业骨干的关键。

新人进入一家公司,有的企业会为其安排指导老师,以便让新人更快投入工作。这种安排本身并没有问题,然而落实到工作中,效果却不太理想,比如很多在老员工看来理所当然的事情,新员工可能完全不能理解;一些老员工认为很简单的技能,新员工可能觉得很难。认知的差异决定了新员工只能从老员工那里学到部分工作技能,更多的,还需要自己在工作中多看，多做，多学习，并在实践中不断摸索。

职场学习第一课：熟悉工作

从象牙塔到职场，我们要学的第一课，就是熟悉工作。熟悉工作，贵在主动，别指望别人能主动教你什么，每个人都有自己要完成的工作，你所要做的，是多看、多做、多观察，尽可能快地熟悉工作。

（1）看：看公司的内部共享资源。如果你的公司有内部网站，可以登录网站查看公司的相关资料，例如公司的产品、市场信息、行业地位及发展趋势等，然后再着重了解跟自己工作有关的内容，看看同事或前辈们的工作内容和工作方式。

如果你的工作是创造性工作，还可以在互联网上搜索，网上充斥着各种各样的资源，只要你愿意，总能找到自己想要学习的内容，将你搜集到的资料进行归类整理，并进一步概括总结，实现资源的输入及内化，并最终输出到工作中去。

（2）做：作为办公室的新人，你经常被差遣做各种琐碎的事情吗？复印、送文件、打扫卫生、斟茶送水或者充当临时打字员？也许这些工作让你觉得很烦躁，然而，如果你愿意稍微留点心，这些琐事就可以让你更快地熟悉工作及环境。复印非保密资料的时候，可以看看上面的内容；打扫卫生时，可以和其他同事交流几句；送文件的路上，可以看看文件，打发一下无聊的时间；斟茶送水时，听听高层的谈话，如果能趁机熟识几位同事，那就更棒了，以后工作中遇到什么难题，也有了可以求助的对象。

（3）学习：我们要学习，不只要了解工作内容，熟悉工作的流程，还要学习工作方法，学习使用专业工具，学习尽快熟练地开展工作。对于工作中遇到的各种难题、受到的各种指点，也要做好记录，养成良好的工作记录习惯。最好能每天提前20分钟左右到公司，用10分钟做好一日工作清单，用10分钟浏览下行业资讯，以保证自己的所知所感不落后于市场，保持对行业的敏感度。

职场学习第二课：向他人学习

某世界500强企业曾经盛行一种"70/20/10"人才成才理论，认为在职场中，一个职场人至少有20%的知识和技能来源于他的同事、上司、客户、供货商。这也就是说，我们应该多向他人学习，通过与他人的沟通，获得指导、辅助或反馈，通过这种方式学到的东西，很多都是别人通过不断摸索得来的，可以直接运用于工作上，让我们少走许多弯路，堪称最佳学习途径。

楚艳刚刚跳槽去了一家设计机构，虽然她之前从事的也是设计工作，但是工作内容却和现在的不大相同，所以经常会遇到一些不明白的问题。她上网去查，网上的解释要么不详细，要么根本就是错的，经常看得她稀里糊涂，因此难免出现工作不到位的情况，为此楚艳没少挨领导的批评。后来好友建议："向你的同事请教吧！"

楚艳有些犹豫，她说："遇到难题就问同事，会不会显得自己太无能了呢？"好友翻了她一个大白眼："别忘了你现在可是一个新人，而且只要你的态度好，不只可以学到东西，还能赢得对方的好感呢！"

楚艳有些半信半疑，不过她还是决定试试，在遇到难题的时候询问同事。说也奇怪，这些平时看上去很冷漠的同事不但很乐意回答她的问题，而且有时候还会拉着她一起到外面吃饭。在不知不觉之间，楚艳和同事的关系越来越融洽。

职场之中，真正让人讨厌的不是菜鸟，而是那些骄傲自大的人，明明不懂偏要装懂，不光自己走了弯路，还连累别人。如果你的公司为你安排了"老师"，记得千万要多向他学习，以使自己尽快熟练展开工作。如果公司没有为你安排老师，也请记得多向优秀的人学习。

仔细观察那些优秀的、效率高的同事，比如你的部门主管、其他能力出众的同事或者同行业的成功人士，观察他们的工作方法，看他们的作品，或者在遇到难题时请教他们，学习他们的思维方式，以他们为榜样，多多学习，不断进步。

向他人学习，前提是尽量不要做伸手党，切忌凡事都问别人，没有人天生就该为你服务。遇到不懂的地方，可以先自行思考，或者在互联网上搜索答案，如果真的试过各种方法依然不能解决，再去询问别人，当别人帮你解决了问题，要及时真诚地表达感谢。

职场学习第三课：请做好长期优秀的准备

职场是一个充满竞争的地方，我们只有不断学习，跟得上变幻的形势，嗅得到潜在的风险和机遇，才能成为时代的弄潮儿。如果一个人不能及时发现危机并努力提升自己的能力，那么就会像温水中的青蛙一样慢慢被舒适的环境所戕害。或者说，职场对于那些不思进取的人来说就像是一锅正在慢慢加温的水，如果你就那么安逸地待着，那么终有一天你会被淘汰。一个人想要在职场中升职加薪获得更好的发展，就需要不断充电，提升自己的能力，让自己成为职场中不可替代的人。所以，提升自己对每个身处职场的人来说，都应该是一生的课程。也许有人会说没有时间，还有些人怕麻烦，其实，充电并没有我们想象的那样难，只要每天抽出一个小时的时间，坚持下去，时间会给你想要的结果。

如果你已经在职场中站稳了脚跟，请记得把经验分享给需要的人。有的人担心教会徒弟饿死师傅，这种狭隘思想不知道害了多少人。世界上很少有能被掩盖的真相，有大格局的人才能取得更大的成就。输出知识和技能，不止会成就你的个人品牌与口碑，更是一个不断巩固知识和技能的过程。

此刻的你，无论是一个初入职场的新人，还是已经在职场中站稳脚跟，都请你继续奋力学习，并通过学习和输出知识成就自己的能力，《爱丽丝梦游仙境》里有句台词说，"想去别的地方，就要用比现在至少快两倍的速度奔跑"，现在就加倍努力，去做一块不断汲取知识的海绵吧！

积极乐观，
工作要有好心态

两个月前，杨明还为找到这份工作而庆幸，两个月后，他就感觉对这家公司已经到了难以忍受的地步。公司的大老板很抠门，老板秘书就是他的秘密情人，总经理则唯老板马首是瞻，为了讨老板欢心完全不介意压榨员工的利益，经常让员工加班。上司不尊重下属，同事们也个个都有自己的小算盘，表面上都表现得无比敬业，私底下却是勾心斗角，互相推诿，公司里乌烟瘴气。杨明觉得自己在这里简直有点难以呼吸，他真的很想拍拍屁股走人，但是想起求职的艰难以及那份对职场新人尚算丰厚的薪水，又迟疑了。

其实，许多新职场人都曾像杨明一样出现这样或那样的困惑，他们把职场想象成一袭华丽的长袍，可现实却是一条满是跳蚤的褴褛衣衫，老板的庸碌、上司的刻薄、同事的圆滑、工作的无趣、学而不能致用的迷惑、心有余而力不足的恐慌、同事关系不协调的迷茫……各种的不适应把我们逼迫得几乎要窒息，于是我们忍不住要感叹，为什么职场如此让人难以适应，我应该怎么做才能在职场中找到立足之地？

不能否认，职场首先是一个由人组成的团体，有人的地方就会有是非，有欲望纠葛，有利益纷争，但是，我们首先应该明确我们步入职场的初衷。从狭隘一点的角度说，就是挣到一份薪水，养家糊口；再进一步，是践行自己的知识技能，提升能力，实现职业理想。至于工作中遇到的那些乌烟瘴气，跟我们的职业初衷并没有太大关系，我们大可以视而不见，听而不闻，只需遵守企业制度，按照规则处事。每个群体，都应该有群体成员遵守的规则，职场也是如此。熟悉了规则，才能让我们避开低级错误，处理好人际关系，我们的关注点自然也就从各种不如意上转移，心态自然也会变得积极乐观起来。

考虑他人感受，做专业的职场人

走入职场，我们就是一个独立的个体，要学着考虑别人的感受。比如写邮件的时候，要考虑别人的阅读习惯，要列出邮件主题，让别人在阅读的时候更方便；交付别人的工作要尽可能清晰，让别人一眼就能看明白；同事帮你的忙，你要发一封致谢邮件，同时@他的直接上司，别人下一次才会更乐意帮你……不同的职业有不同的规则，每一家企业都有自己独特的文化，我们要主动学习并适应环境，更好地融入团队，才能迅速成长。

恪守自己的职责，莫越俎代庖

许多职场人为了更好地融入环境，会主动帮人做事，积极和每个人混熟。一段时间过去，可能你的目的会达到，但有风险。你花费了时间和精力去帮人做事，事情做好了还好说，如果做错了，你就好心办了坏事，难免会有人说出"什么都不会还要帮我的忙，现在可把我害惨了"的言论。运气再差一点，你搞砸的事情正好是一个重要的案子，就算你浑身长嘴，怕也说不清吧。

如果别人真的要你帮忙，记得通过邮件联系，虽然即时通讯工具更为便捷，但邮件更能作为书面凭证，一旦出现推诿扯皮，便能通过邮件查清问题所在。

职场不是交际场，一切都要靠业绩来说话

说得直白一点，职场就是一个以体力和脑力换取报酬和荣誉的地方，我们所能获得的回报，取决于我们所能创造的价值。而我们的同事和上司，是和我们一起创造更多价值的人，大家之间的关系，是伙伴，而非朋友，我们无需因为别人身上有某些你不喜欢的习惯、情绪而排斥别人，处事别带情绪，做事就只是做事，大家合作实现价值最大化，这就是同事。

如果做到了这些，你依然无法开怀、无法全身心投入工作，那么你就应该努力调整一下自己的心态，以积极乐观的态度去面对一切不如意，最终你会发现，原本那些让你患得患失的问题其实根本就不是问题。

多和正能量的人在一起，培养积极乐观的心态

"你想成为什么样的人，就要跟什么样的人在一起。"如果你时常因工作或生活不如意而苦恼，那么就多跟正能量的人交往。所谓正能量的人，指的是那些心态积极、做事积极的人，当我们跟这种人在一起，不知不觉就会受到感染，我们的心态也会积极起来。

相信很多人都有这样的体会，当我们跟一个负能量缠身的人聊天时，哪怕自己原本心情很好，也会被对方道出的负能量搞得心情低落、郁闷不堪，自身的能量不知不觉地被吸取，自己甚至会不知不觉地怀疑人生。而当我们和充满正能量的人相处时，便能感受到他们思想里的闪光点，即便原本心情不好，有些小失落，也会不知不觉开怀起来，信心倍增，

感受到前景的广阔、人生的美好。所以，多跟正能量的人在一起，我们也会精神振奋，坏情绪也会一点一点地消散。

培养积极的思维方式，成就好心态

当一个人拥有积极的思维方式时，他的心态便倾向于乐观，看待人、事、物的态度也会积极起来。积极的思维方式，可以是天生的，也可以是后天培养的，我们可以通过下面几种方法养成积极的思维方式，养成良好的心态。

表5：培养积极思维方式的方法

方法	正确的句式	错误的句式
期待美好的结果	新的一天开始了，我今天一定能做得更好。	哎！又得起床去上班了，一想起办公室的那帮人就烦。
选择积极的语言	工作就像是在打游戏，战胜一个个困难，我也会变得越来越强大。	工作太难了，力不从心啊，得赶快换个轻松点的工作！
和积极的人在一起	跟他在一起，总感觉人生很光明，身体充满干劲儿！	跟他在一起让我的精神总是绷得紧紧的，得找个人出去放松一下。
接受事物的现状	这里需要清扫，我们还是到公园里去玩吧！	真不该出门，这么热的天，还到处塞车，真烦躁！
永不抱怨	领导没升我的职，证明我进步的空间还很大，得继续努力！	领导歧视女性，不然我早升职了！
关注现实的结果	每一次挫折，都是上天对我的磨砺，我会在磨砺中坚强起来。	可惜，现实不是梦境，我好想一直生活在梦里，不再醒来！

即便某一天,你遇到了很难的问题、很糟糕很恶劣的情况,也要告诉自己,"眼下的这点困难挫折,跟我的人生目标相比,不过是沧海一粟,我会解决掉这个问题,然后继续向着未来前行。"

青春没有不可能，相信自己的潜力

"如果你不知道人才市场竞争的激烈程度，那就试试找工作吧。"

程颖对这句话深有体会，她就是费了九牛二虎之力，才在一家小公司找到了工作。公司刚刚起步，开出的薪水微薄，程颖只能租住一间阴暗狭小的地下室，每天的工作都很多，因为公司规模小，人手少，她不得不兼顾文员、打杂、清洁等多种工作，一天下来，经常累得回到出租屋倒头便睡。有时候午夜醒来，闻着地下室里的潮湿气味，程颖忍不住问自己，自己这么辛苦，究竟为了什么呢？辛辛苦苦读了那么多年的书，花了父母的大半积蓄，难道就是为了住在地下室里挣一份刚刚够填饱肚子的薪水吗？想着想着，她就忍不住流下泪来，曾经被她幻想过无数次的身穿昂贵套装、自信满满地出入高档写字楼的OL形象早已成了破灭的泡沫。

灯红酒绿的大城市，不知道有多少和程颖一样为了生计而暂时将梦想掩埋的年轻人，他们知道，除了努力工作，再无别的退路可走，因为他们一无所有。

他们真的一无所有吗？不，他们可能没有金钱，没有经验，没有人脉，但他们有的是青春，年轻就是他们的资本。生命中有太多的精彩等着他们去尝试，他们从不缺少跌倒后再站起的机会，所以，千万不要在可以努力的年纪里放弃努力，生活不止有眼前的工作，还有等待你去实现的梦想，而你，有潜力去实现这个梦想。正如亨利·大卫·梭罗说的那样——如果一个人自信满满地朝着他的梦想前进，并尽最大努力去过他想象中的生活，他会在不经意间收获意想不到的成功。

不要怀疑你的潜力，它远比你想象的要强大

美国心理医生肯尼斯·克利斯汀在研究中发现，许多小时候便显露出不俗天赋的人，长大后却很平庸，并没有取得他们应该取得的成就。究竟是什么原因造成了这种局面呢？是他们的天赋消失了吗？经过大量的走访调查，肯尼斯·克利斯汀发现，这些天赋异禀的青年学子所以最终碌碌无为，不是因为他们的天赋消失，而是因为他们只肯在自己的心理舒适区从事低于自己能力的工作。这种情形下，他们不必面对困境带来的不适感，很容易就能把事情做完，且不必担心失败，更无需承受失败的打击。正是因为这种态度，他们扼杀了自己的潜能，永远没有机会再进一步，最终还是一个普通人。

很多人觉得，自己之所以没有得到想要的东西，没有实现自己的梦想，都是因为自己不够聪明，没有天分，缺少创造力，但事实上，这些想法没有任何依据，他们不过是在找不行动的借口，好在自己的头脑中设置一个个局限。就像亨利·福特说的那样："如果你认为自己行，那你就行；如果你认为自己不行，那你就不行。"让我们再来看看那些富豪们的发家史吧，我们很容易就能发现，他们其中有不少人是白手起家，创业之初一穷二白，也正因如此，他们才能无所顾忌，因为失败了大不了从头再来一次。"往前冲可能会有大好前途，也可能是死路一条，不往前冲就只有一条死路。"拿破仑·希尔曾在对美国排名前500位的富翁研究

之后得出结论，"他们的身上有一个共性，那就是积极期待的态度，他们习惯从挫折和困境中寻求有利因素，或者将不利条件转化为有利条件。"正是因为这种敢于突破的精神，他们身上的潜能才能得到激发，并最终事业有成。

你看，一个人是不是能够有所成就，最终还是要看他能否有所行动，敢不敢逼自己一把。即便我们很平凡，即便我们能凭借的工具只有双手和大脑，只要我们敢于突破心理舒适区，不断激发自己的潜能，敢于试错，谁又敢断言，明天登上福布斯排行榜的人之中没有你我的名字呢？

逼自己一把，一切皆有可能

从交上房子首付款的那一刻起，邓雯觉得自己与之前完全不同了，那笔首付，是她从父母和亲戚朋友手中借来的，她必须得尽快还清，而且每个月，她还必须挤出大半薪水去支付房贷，这几乎让她觉得有些透不过气来。

为什么执意要买房呢？

因为当时房租不断上涨，周围居住环境差，而且住在租来的房子里，她不敢添置任何大件家具，否则就是在为下次搬家制造负担。以当时飞涨的房价来看，既然早晚都要买，那么晚买不如早买，于是她就咬了咬牙，东拼西凑地攒够了房子的首付。

结果一夜之间，邓雯背上了巨额债务，接下来又缴纳了契税、装修保证金、物业费等各项费用，每个月还需存下钱还房贷和借款，经济紧张程度可想而知。无奈之下，邓雯只能想尽各种办法开源节流，节流方面已经无计可施了，她每月只留下几百块的吃饭钱，只能想办法开源。邓雯思前想后，自己唯一所长就是文章写得还不错，于是她开始在网上接工作，帮人写软文，给人做企划，承接校对和组稿……白天她要为工作奔波忙碌，下了班还要兼职写稿，不懂的地方就到专业网站上搜索资料，一点一点摸索，经常忙到晚上12点才能睡觉。

两年之后，邓雯还清了所有欠款，每个月只需偿还贷款即可。而此时她也已经成了圈内小有名气的人，不但经常有公司找她写软文，她的邮箱里还不断收到约稿函，这是邓雯万万没有想到的。以前她总觉得有才华的人成群结队，自己绝不可能在写作领域分一杯羹，但是，当她不得不逼自己去努力的时候才发现，原来真的一切皆有可能。

天底下从来不缺少有才华的人，但真正能把才华发挥出来的人并不多，因为我们畏惧改变，因为我们天生的惰性。我们总是习惯在自己的舒适区自在穿行，不敢逼自己去面对外界的困难，但是，当我们没有后路可退，不得不奋力一搏之时，我们便会迸发出巨大的潜能，并最终有所成就。现在的你，如果也不满于现状，不肯掩埋自己的梦想，那么请马上开始激发自己的潜能吧。

找到你最擅长的技能，努力提升它

空喊口号没有任何实际作用，我们想要有所成就最终还是要靠实力说话。想要在一个行业内有所成就，站到足够高的位置，挣到足够多的钱，我们就一定要努力提升专业技能，只有当我们的知识储备达到了一定的量，并努力将其转变为实际技能时，我们才能成为这个领域的佼佼者，最终收获富足安稳的人生。

敢于冒险，不给自己留后路

我们都是害怕牺牲的人，我们害怕牺牲自由，害怕牺牲金钱，害怕牺牲安稳，所以我们盼望着能以最小的投入换取最大的回报，结果呢，自然是一事无成。我们当然提倡大家要脚踏实地，但适当的冒险可能会让你成功的概率大大提升。想要学习，你就必须得牺牲休闲的时间，想要健康，就不要购买垃圾食品。如果你做不到，就让别人来监督你，网上有无数个打卡社群，加入进去，完不成就要受到处罚，你的自尊心和荣誉感也不容许你放弃。

细化目标，分阶段执行

我们大多数人都希望在投入之后立即获得回报，事实上，很多美好的事情都需要时间的沉淀才能看到结果，而心理学研究证实，有相当一部分拖延症的发作，是由于付出（现在需要做）和回报（将来才能得到，而且不能保证）之间断裂所引发的。也就是说，我们在付出之后并不能立即得到回报，或者因耗时较长、占用资源较多、难度较高，不能满足我们的急功近利思想，结果就导致了行动力低下。对于这类情况，我们应该缩小付出与回报的距离。如果把一个大工程分割成较小的目标单位，并在每一个小目标完成之后设置奖赏，我们的行动力会大大提升，完成一个又一个小目标，曾经看上去遥不可及的大工程也就会在不知不觉中完成了。

行动，才能让梦想成为现实

马云曾经说，有太多人是"夜里想起千条路，白天起来走老路"。

大多数人之所以无法取得自己想要的成绩，不是因为他们没有能力，而是因为他们总是在瞻前顾后，彷徨犹豫了许久依然不敢行动，最后在迟疑间错过了人生最好的时机，最终一事无成。毋庸置疑，盲目的冒险可能会让我们跌得头破血流，但是我们还是应该有一点冒险精神，如此才能让我们成功的概率大大提高。

在最好的年华里，我们应该为将来有更好的发展拼尽全力，相信自己的潜力，不畏惧，别让自己丧失追寻梦想的权利。即便看上去甚为渺茫的梦想，只要你内心坚定，也可能会成为现实。就像艾默生说的那样，"倘若一个人经常想象自己是什么样子，那么他就会真的变成那个样子。"相信自己，你终将成为梦想中的自己。

先了解自己，再适应公司

职场新人首先要做什么呢？很多人觉得，首先要先适应公司，适应工作环境，其实不然。

职场新人首先要做的，应该是更清楚地认识自己，要认识到自己已经不再是家里的大少爷和大小姐，不再是学校知识的消费者，进入了职场，我们就是职场人。可能在学校的时候，你面对的是父母的殷切希望，但是当你走出校园时，那种"胸有屠龙术，可售于帝王家"的豪情壮志几乎在瞬间就沦为了泡影。大学生早已不是市场渴求的职场精英，我们不得不参加一场又一场的面试，不得不在 HR 挑剔的目光下硬着头皮把自己那乏善可陈的简历诉说一遍又一遍，毫无底气地回答各种苛刻的问题。而经历过一轮轮的面试、复试之后，你终于有了一份工作，用自己的脑力和体力去换取一份薪水。但是这一切，只是你职场生涯的开始，接下来我们还要经过漫长的社会化，并最终在职场中找到自己的立足之地。所以，新人进入职场后，首先要梳理一下自己的思路，了解职场中的自己。

找到自己的职场重心

你工作的目的是什么？

可能很多人会说是实现自己的人生价值，这个原因，应该属于职场追求，而工作最直接的目的，是为了赚钱，这个答案很俗，却也很实际。

我们大多数人没有资本去做一份无薪水的工作，我们首先面临的是生存问题，所以我们工作首先是为了一份薪水，解决了生存问题之后，才是个人发展、人生追求的大问题。

既然我们工作是为了挣钱，那么就不要围绕着挑公司的毛病来打转，世间一切，存在即有其合理性。一家公司即便有再多的缺点，也有它自己的生存之道，你应聘到公司的职位如果不是企业医生，那么你的工作职责就不是改造公司和领导，别人如何拍马屁和勾心斗角都跟你没关系，公司的各种缺点和不足更不属于你的职责范围。既然如此，我们就不要盯着公司的各种不足，而是要立足自身，审视自己的能力和职位之间有没有差距，找到提升的空间，提高自己的能力，一个不努力适应工作而一味挑剔公司的人，肯定不会受到企业的欢迎。

一个刚毕业的学生被招聘进了华为，没过多久，他便给华为老总任正非写了一封万言书。在这份信中，他写出了自己对行业前景和目前发展状态的认识，又指出了目前存在于华为内部的一些问题，并提出了华为在以后发展中可以采取的战略方向及策略，但是任正非收到信后，立即批复："此人如果有精神病，建议送医院治疗；如果没病，建议辞退。"

满腔热情为老板提意见，为什么会被老板如此排斥呢？难道真的是老板心胸狭窄到容不下员工提建议吗？对于这种疑问，马云给出了合理的解释——"中国一直不缺批判思想，今天的社会能说会道的人很多，能忽悠大家的很多，但真正完善建设的人太少……"所以马云也对于新员工提意见的做法很排斥，他曾经在一次演讲中说："进公司未满三年的新员工，不要同我提阿里的发展大计，谁提，谁离开！"新员工首先要做的，不应该是对公司的发展或现状指手画脚，而是应该踏踏实实提升自己的能力，跟从公司的战略方针，遵从企业文化，因为一家公司只需要一个发展方向，只需要一种共同的声音。

明确自己的职场站位

所谓职场站位，就是你得明白自己站在哪个位置，哪些是你的职责。作为一名员工，你要做的事情就是让自己成为团队的一员，做好老板安排的工作，与同事尽可能融洽相处，成为公司内难以被替代的人。清楚自己的职场站位，并努力站稳脚跟，才是明智的做法。

新婚之夜，新郎兴奋地揭开了新娘的红盖头，新娘羞涩地低着头，忽然瞥见了墙角有只老鼠在偷吃大米，于是掩口而笑，对新郎说："看，那只老鼠在吃你家大米。"

次日清晨，新娘早早醒来，看到墙角依旧有一只老鼠在偷吃大米，于是跳起来拎起一只鞋就向老鼠掷去，"可恶的老鼠，居然敢吃我家大米！"被吵醒的新郎看到这一幕，忍不住抿嘴笑了。

"既然已经过了门，就得把自己当作主人"，这种心态，同样也应该出现在职场人身上。即便我们总能发现公司的各种问题，那也属于内部矛盾，而且即便是矛盾，也有其存在的原因和道理。我们不能以自己的标准来衡量别人，你可以不理解，可以不与其为伍，但不必抱怨、愤然、指责。如果你无法认同，不能忍受，可以选择离开，如果不离开，那就专注工作，尽力把工作做好。

当然，也有一些人，他们既不离开，也不好好工作，没有责任心，只是为了一份薪水消磨时光，一味地混日子，这种态度，等于在浪费自己的青春，他们最终会为自己的行为付出代价。

也有一些人，认为自己在公司不被重视，总是被压榨、排挤，明明自己做的事却被他人占去了功劳，公司总是论资排辈，而不是任人唯才，有什么福利也轮不到自己。当新职场人抱怨公司待遇不公之时，他们却没有想过，自己是站在前辈的肩膀上才取得了成绩。

2011年，时任阿里巴巴首席人力官的彭蕾给公司的两万多名员工发了一封邮件，其中有一项内容是，公司将为在阿里巴巴工作达到一定年限的员工一次性发放总额4000万元的补贴。这封邮件在公司内部引起了剧烈反响，占据公司相当比例的新员工纷纷谏言，认为公司应该放宽补贴年限，并加大补贴力度，其中有不少入职一两年的新人认为，他们比那些老员工能力更强，创造的效益更多，公司只奖励那些老员工根本不公平。后来，马云出面做出了解释，建议年限未够的员工先从看、信、思考、行动做起，待到为公司创造足够多的利益时，公司自然会与大家分享成果。

事实上，许多公司都不缺少锦上添花的人，但在关键时刻能跟公司一起成长的人才更难能可贵，所以即便我们感觉在公司遭遇了不公平，也不能过分计较，而应该以包容、理性的心态来看待。想要提升待遇，或者受到重视，最好的途径就是找回自己的职场优势，并努力提升自己的职场价值，待到时机成熟，升职加薪的机会自然会到来。

而且，从时间经度上看，你是你自己的老板，你跟任何老板的关系，都是合作关系。即便现在的你还处在为老板工作的阶段，你所做的也只是用自己的能力为自己积累金钱及能力资本，等你的资本积累到一定程度，你也会获得更多更好的发展机会。所以，职场之中，我们无需为一些无谓的事困惑、愤然，因为你需要将更多的经历投入到自身成长之中。

适应公司，跟随公司的企业文化

任何人进入一家公司，必须要做的一件事，就是熟悉同事。许多新人都会踌躇，在和同事相处的时候，是应该主动热情一点，还是默默做好自己就好呢？过于热情显得傻气，且容易被人利用，过于沉默又显得孤僻，让人难以接近。对此，我们给出的建议是，同事交往达到日常礼仪标准即可，见面打招呼，被帮助了说谢谢，吃饭时问同事需不需要带饭等即可，无需帮别人擦桌子倒水，不必特意抢着去做那些琐碎的事情，更无需刻意拉近和别人的距离，毕竟大家上班都是为了工作，都有很多要处理的事情，每个人都应该把精力放在工作和提升能力上。

熟悉了同事，接下来就要熟悉你的工作环境，看看公司的组织架构介绍，熟悉企业系统里的姓名和职位；熟悉你的部门设置、层级分布；熟悉自己部门与其他部门的对接方式；熟悉文件资料的命名和传递方式；熟悉你的办公器材等。当然，最重要的一点，你必须得熟悉公司的企业文化，了解公司的规章制度，遵守公司的流程规范，以防给自己制造不必要的麻烦。

当然，每一家公司的情况都有所不同，我们要学习和琢磨的东西还有很多，这就需要我们尽力去融入职场，不断学习，不断提升，时间也定然会给我们一个满意的答案。

现在，
开启你的理财计划

晓乐家境不太好，读书时节衣缩食，想到自己花的每一分钱都是父母辛辛苦苦挣来的，他就忍不住又节省了几分。毕业走上工作岗位，晓乐并没有像其他人一样满心怅惘，而是感觉自己的肩膀上好像瞬间卸下了千斤重担，因为他终于可以靠着自己的努力挣一份薪水，不必再为每月几百块的花销纠结不已了。

在工作之后的两年时间里，晓乐身上无时不在发生变化，他的薪水涨了不少，衣服越穿越时尚，发型越做越潮，动辄就到各种娱乐中心消费。当然，他也会定期给父母一些家用，晓乐觉得自己的日子过得挺舒坦的，但这种自我良好的感觉在晓乐交了女朋友后便戛然而止。晓乐很喜欢女友，她务实、漂亮，也有一份正当工作，两人的关系很快稳定下来，但是当他们开始考虑买房安家时，晓乐傻了眼。虽然他的收入在这个城市算中等，但是他的银行账号上，储蓄总额却不到5位数！这一点钱，别说买房子了，恐怕连租房子都有点困难呢！晓乐把自己的情况告诉了女友，然后很真诚地对女友说："我现在是个穷光蛋，没办法给你幸福的未来，我不想浪费你的青春，我们分手吧！"

女友没有同意，她说给晓乐两年时间去存钱。从那之后，晓乐每个月都把自己薪水的80%存入固定账户，只留下20%的钱做生活费。为了省钱，他开始学做饭，不再随便添置物品，即便看到自己喜欢的东西，也会问问自己："这件东西真的是我需要的吗？买下它会不会改善我的生活状态呢？不买可不可以？我能不能花这笔钱？"结果大多是不买的，因为他根本没有购置这件物品的预算。为了让自己没有时间去消费，也为了挣到更多的钱，晓乐还从网上找了一份兼职。

两年之后，晓乐的银行存款达到了20多万，他和女友把所有的积蓄拿出来，加上父母添置的一些钱，终于凑够了一套小户型的首付款。虽然他不得不继续过精打细算的生活，但是他的心里再也不觉得自己背负着什么重担，相反，看着银行卡上的数字一点一点增加，他就有了安全感，感觉生活有了奔头，晓乐开始感受到理财正在让他的生活状态发生变化。

我们常说，你不理财，财不理你，古往今来，金钱都是生活的保障。你可以不爱钱，但你永远不可能离开钱，想要拥有足够多的钱，就必须通过理财来实现，而理财最基本的手段就是储蓄。关于储蓄，德国作家博多·舍费尔在他的《小狗钱钱》里这么说："金钱是本，金蛋是息，鹅生蛋，蛋生鹅，当蛋能够大于你的支出时，你就实现了财务自由，但是首先，你得有一只鹅，也就是完成你第一笔资金的储蓄。"银行存款一点一点地增加，我们心中会油然生出一种成就感和安全感，因为每一分钱都会为我们的生活增添保障，当我们的存款达到一定金额时，我们就能去做那些我们一直想要去做的事情，进而开始"以鹅生蛋，蛋再生鹅"的理财程序。所以，从这个角度来说，储蓄是我们理财的基础。

储蓄，首先要改变我们用钱的顺序，淘汰我们习惯的"收入－支出＝储蓄"的模式，改用"收入－必要支出－储蓄＝非必要支出"的模式。

将每个月的收入拿出一部分做必要开支，再将固定比例的钱存入银行，余下的部分作为非必要支出。关于储蓄的比率，我们建议大家先行记账，对自己的账目进行分析统计，然后再根据自己的情况做出科学合理的安排。如果你没有什么经验，薪水也不多，可以按照"100% 收入 – 50% 必要开支 – 20% 储蓄 = 20% 非必要支出"的规划完成储蓄，储蓄的比率应该随着薪水的增多而提高。

储蓄是理财的基础，并不是理财的主要手段

1977 年，家住成都的汤婆婆将 400 元钱存进银行。在当时，400 元可以称得上是一笔巨款了，因为当时一名普通工人的月工资只有 36 元，一斤猪肉的价钱不超过一元，一斤面粉的价格为 0.2 元左右，还有人称，当时在成都较好的地段买上一套房子 400 元也够了。

但是这张巨额存单竟然被汤婆婆忘在了箱子里，一直到 33 年之后的 2010 年才被重新翻出来。当时汤婆婆和家人都特别高兴，觉得这么多年过去了，一定是一笔巨额存款了。可是当汤婆婆的家人经过几番波折终于被告知钱可以取出来的时候，却发现他们可以取到的钱只有 835.82 元！如今，这 835.82 元能够买到什么呢？只是一瓶中档茅台酒的价钱了！至于买房子，恐怕连 0.1 平方米都买不到。于是汤婆婆的家人只能遗憾地表示他们不取钱了，要把这张存单当作传家之物保存起来。

有人说，你把心思用在哪里，就会在哪里看到回报。在教育上用心，时间会放大孩子的优点；在金钱上用心，时间可以放大你的资本。但是，为什么汤婆婆存的钱并没有得到应有的回报，反倒大幅贬值了呢？这就

是储蓄的弊端所在。在中国，挣钱存钱往往被认为是一种美德，是一种未雨绸缪的好办法，加上现实生活压力逐渐增大，养老制度不够完善，大家都体察到了储蓄的重要性。的确，相较于有多少花多少的月光族，储蓄的确是一种减轻经济压力的好办法，然而，我们也应该看到这样的事实：在通货膨胀和货币贬值的年代，我们存进银行里的钱正在大幅缩水。世界著名经济学家林毅夫曾说过这样一句话："穷人把钱存入银行，实际上是在补贴富人。"事实就是这样，汤婆婆用自身的教训给我们上了振聋发聩的一课。储蓄，从短期看，我们的钱是在增加，但实际上，拿到市场上去用，这些钱的购买力是在下降。所以，从理财角度说，当我们存的钱达到一定的金额之后，就应该以积极的态度参与投资，至少要确保自己财富的增长速度要超过通货膨胀的速度。如何才能有效投资，让理财更加高效呢？可以参考下面的理财方法。

分散投资，适当激进

投资理财，是一门很深的学问，需要我们拥有灵敏的洞察力，所以我们在这里只能给大家一些简单的建议，具体还要根据自身情况、市场行情做分析。

目前，市场上常见的资本投资方式主要有股票、基金、房产、黄金、期货、外汇、收藏等。这其中，以房产最为大家所青睐，当今富豪榜的前二十位基本被 IT 行业和地产行业的大佬所垄断。生活中，我们也见过不少人靠炒房、炒楼发家致富，由此我们就能看出，地产实在是个利润很高的行业。但是当越来越多的人意识到房产投资的重要性时，这个行业也就充满了危机。时至今日，还有不少人记得 20 世纪 90 年代发生在日本的房地产危机，在那次经济动荡中，日本的房价、地价不断下跌，许多房地产商和炒房客赔得倾家荡产，还有些人因为承受不住压力而跳楼自杀，导致日本的房地产行业元气大伤。虽然目前中国城市化的进程依然很快，房地产仍然是涨声一片，但我们也应该看到潜在的风险。如今的房产已处在高位，即便会在之后的几年内保持增长的趋势，但上升空间已然有限，而且房产投资需要大量资金，如果不是身家丰厚，还是不建议大家再做房产投资。

黄金投资，这是一种相对保守的理财方式，黄金属国际通行货币，抗通胀能力强，可以作为投资的一个选择，在黄金处在低价位时买进，再随市场走势抛售。

基金也是一种相对保守的理财方式，进入门槛较低，而且基金多由专业人士操盘，无需投资者投入时间和精力，风险较低，可以作为职场新人的一个选择。但基金的劣势也是显而易见的，其低风险伴随的是低收益，倘若你每月将几千元投入基金，可能要到三五年后才能看到尚算可观的收益。

保险，很多人并不把保险视作一种理财手段，因为其资金封闭时间较长。但我们也应该看到，作为同样保本收益的保险相比其他理财方式而言，多了一份保障，倘若有意外发生，保险可以化解家庭经济危机，所以在条件许可的情况下，我们可以把保险列为理财的项目之一。

股票、期货对个人的要求比较高，需要了解市场、有一定的眼光和洞察力。自从2015年大批新股民涌入市场之后，沪、深两市的股票一跌再跌，80%以上的股民都赔钱赔得痛彻心扉。所以在没有充足准备的时候，不建议进行此类高风险投资。

  总之，储蓄只能作为最基础的理财方式，我们应该多考虑其他理财手段。倘若你没什么理财的经验，那么就应该在保守型理财产品上多做打算，不建议进行风险较大的激进型理财产品的投资。如果你对股票、期货有一定的理解，也可以合理分配来保证资产的稳健增长。当然，理财也是一门技术，需要我们去学习、发掘其中的规律，多向他人请教，积累经验之后再慢慢试水，一切都应以稳健为前提。当然，在注重理财的同时，我们更应该尽快提升自己的赚钱能力，毕竟能挣钱，才能有财可理。

Chapter 3
人脉经营，请停止无效努力

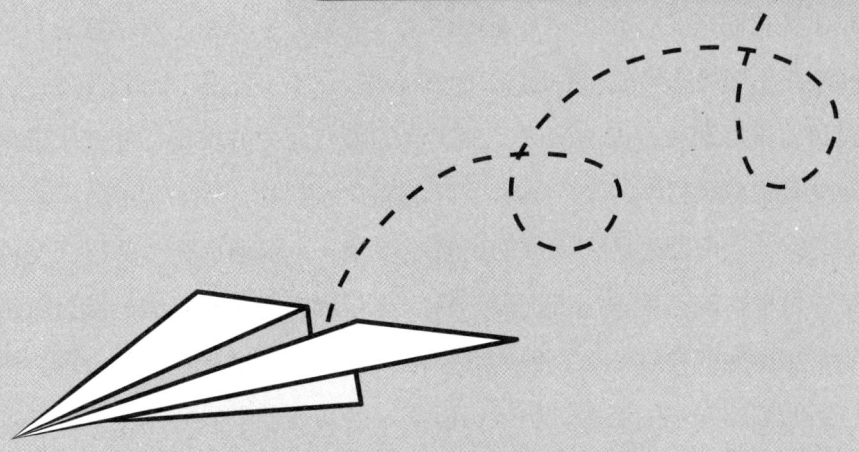

摸清对方心理，找出共同话题

你知道世界上最伟大的推销员是谁吗？

没错，是乔·吉拉德，在其从事汽车销售的 12 年时间里，他创下平均每天卖出 6 辆汽车的吉尼斯世界纪录，至今无人能够打破。为什么他能成为汽车销售界的佼佼者呢？乔·吉拉德的秘密武器就在于他了解顾客，进而能摸清对方心理，找到共同话题，拉近彼此的距离。

乔·吉拉德认为，一个推销员向顾客推销商品时，最有效的一个办法就是让顾客认为你在关注他，并真心喜欢他、关心他，有了这种认知，他就会把你当成朋友，你售出商品的概率就会大大增加。而让顾客相信你在喜欢他、关心他的一个重要途径，就是你必须要了解顾客与自己所推销商品相关的情况，进而熟知他的心理。"无论你推销的商品是什么，倘若你肯每天花一点时间去了解自己的顾客，做好准备，你就永远不会为没有顾客而发愁。"

乔·吉拉德还认为，推销员就应该像一台机器一样，将自己与顾客交往过程中的有用情况都记录下来。这些资料会帮助推销员接近顾客，你会知道他们喜欢什么，他们的雷区又是什么，摸清他们的心理，迅速找到他们感兴趣的话题，也就可以通过畅聊让他们身心愉悦，倘若顾客开心了，他们就不会让你特别失望。乔·吉拉德抓住顾客心理，实现有效沟通的办法，可以广泛应用于各种社交场合。

在当下这个快节奏的社会，每个人都很忙碌，我们凭什么引起他人的注意，让别人停下来和我们聊天？又凭什么让他人进入我们的社交圈子、成为我们可利用资源呢？这第一步至关重要——从能聊到一起开始。

生活中，我们经常会看到类似的场景，甲方对着乙方喋喋不休地说着对方完全不感兴趣的话题，乙方坐在板凳上明明无聊得昏昏欲睡，还不得不打起精神勉强应对，这种情势下，双方有可能展开一场愉快的聊天吗？当然不可能，而且最可能发生是，下次，乙方看到甲方就会躲着走。

那么究竟在什么情况下，一个人愿意跟另一个人聊天呢？

第一种情况，乙方掌握着甲方缺少的资源。当一方有求于另一方时，即便他说的事情再枯燥无味，他也会认真听，至少是装作认真在听。

第二种情况，乙方和甲方聊起了甲方感兴趣的话题。甲方正为孩子的成绩不好而苦恼，而乙方正好是一位教师，那么甲方就可能会愿意与乙方聊天，交流一下孩子学习的相关问题。

倘若我们没有别人渴求的稀缺资源，又渴望与对方建立联系，那么在与对方聊天时，就应该聊对方感兴趣的话题，以拉近双方距离。

摸清对方心理，聊天才能有的放矢

人际交往是李越最不擅长的，为此，妻子没少抱怨他，说他为人木讷，跟别人见面只会傻愣愣地坐着，支支吾吾半天说不出个所以然来。李越心里其实很委屈，他并不是不想说，只是完全不知道该说些什么啊！每次跟人聊天，他都绞尽脑汁地找话题，但是对方好像都没有什么交谈的兴致。久而久之，李越便觉得自己口才不好，多说无益，还不如干脆摆出个高深莫测的模样。

  人人都有一张嘴,为什么有的人说起话来就能妙语连珠,让人不知不觉就被其吸引,而有的人说话却让人完全不想接话甚至不想听呢?一个很关键的问题,就是话题的选择是否合适。聊天时可以选择的话题很多,但是能够让对方沉浸在谈话中,并拥有愉快的聊天经历却并不简单。我们首先要搞清楚对方的心理状况,了解他们真正关心和感兴趣的话题。要知道,对方关心或感兴趣的话题跟你关心或感兴趣的话题根本就是两码事,只有聊到对方愿意聊的话题,才会让他在聊天中放下心防,不再拘谨,不知不觉地眉飞色舞起来,甚至完全感觉不到时间的流逝,临别时还觉得美好的相聚时光太过短暂,并期待下一次会面的到来,更有甚者,还会对另一方产生知音之感,我们通过聊天建立联系的目的也就达到了。

  因此,在与对方接触之前,一定要了解你的谈话对象的基本情况,我们才有可能找到与对方的交流切入点,具体包括以下方面:

表6:谈话前需要了解的内容

个人爱好	对方最喜欢什么?平时在什么事情上花费的精力最多?他喜欢集邮、编织、运动、喝酒、旅行吗?爱看什么类型的电影、电视剧?倘若你们在聊天中发现双方有共同的爱好,比如你们都喜欢一支球队,都热衷于某一项运动,那么你们的距离会瞬间拉近,不止聊天会变得格外轻松,也许以后对方还会把你拉进他的圈子。
擅长之处	一个人擅长的事情最常见的有两个方面:一个是他在专业领域内取得的成绩,比如他在毕业时拿到了优秀毕业生的荣誉、只复习了一星期就考过了职称考试、在某方面的研究达到了学术水准等;另一个是他在爱好上获得的一些成绩或突出表现,比如他跑马拉松得过奖、他对国际形势的研究非常透彻、对某种游戏已经达到了大神的级别等。

续表

家庭情况	他最引以为傲的家庭成员是谁？关于家庭情况的聊天，我们不要太过八卦，更不要去深挖对方背景，而是应该就对方愿意说的情况，比如孩子，展开聊天，尤其是在双方都有孩子的情况下，你们就有很多话题可以聊。事实上，很多家长都会津津乐道于孩子成长的趣事。
宠物	他有养宠物的经历吗？或者现在正养着宠物？很多养宠物的人都喜欢谈论自己的宠物，这也是一个可以聊天的话题。

知己知彼，才能百战百胜，所以我们要在平时动用一点侦察的能力，多观察多打听，总可以从他本身、家里、周围人的议论或者他的朋友圈、微博里，找到他感兴趣的话题。了解了他的情况，知道了他的心理渴求，我们也就把握了聊天的主动权，接下来把话题往上面带就容易了。

把话语权交给对方，做一个善于捧场的倾听者

美国著名人际关系学大师戴尔·卡耐基曾经参加朋友举行的一个桥牌聚会，聚会上只有卡耐基和一位美丽的女士不会玩牌，于是他们坐在一起闲聊。这位女士听说卡耐基曾经去欧洲旅行过，便兴奋地问他："卡耐基先生，你能不能告诉我，你沿途见到过哪些优美的风景呢？"

卡耐基见她一副兴致盎然的模样，于是就说了一些自己的见闻。言谈之间，卡耐基听女士说她去过非洲，于是接口道："非洲？那一定非常有趣，我也非常想去看看，但是我只在阿尔及内亚待过24小时，却没有机会再去其他地方，真是太幸运了，你能给我讲讲非洲的事情吗？"

在随后的45分钟内，女士不再问卡耐基的见闻了，她沉浸在美好的回忆里，滔滔不绝地讲述自己在非洲的见闻，这期间，卡耐基只

插了几句话。聚会结束之后,女士对晚会主人说:"卡耐基先生真是一位健谈的人,跟他在一起真令人愉快。"

为什么卡耐基只说了寥寥几句话,却成了一个令人愉快的"健谈的人"了呢?原因就在于他充当了一个捧场的倾听者角色,让女士有了一次愉快的沟通经历。其实,很多人在交流时,并不是需要一位讲师,他们更需要一位能理解他们、欣赏他们的倾听者。

倘若我们在聊天之前或者聊天的过程中已经掌握了对方的基本资料,了解对方的心理需求,就可以把话题往这方面带。

比如你在他家里看到他的奖杯,可以说:"这是XXX奖杯吗?你好厉害哦,居然能在这么难的比赛中拿奖,你是怎么做到的呢?"

如果他是一个喜欢看书的人,你可以说:"最近正在闹书荒,你能帮我推介几本好书吗?"

如果他对美食很有研究,或者经常出入各种餐厅饭馆,你可以说:"过两天有一位朋友来看我,想带他去吃点特色菜,你能给我一点建议吗?"

如果他的钱夹里装着家人的照片,你可以夸夸他的家人:"这是你妈妈吗?看上去好年轻哦!""好漂亮的小朋友啊!粉嘟嘟的小脸蛋,真是太可爱了!"

如果他言语间透着对自己工作状态的满足感,你可以夸夸他的能力:"太厉害了!""你是怎么想到的啊?"

当你把问题抛出去,就不必再担心接下来会冷场了,他们会很乐意和你展开一场愉快的谈话,而你,只要做一个捧场的倾听者就好了。

把手机翻过来放在桌上或者放在口袋里,目光要尽可能在对方的两眼与鼻子之间的三角区域逡巡，当他说话或者抛出一个问题时，不要无原则地点头或胡乱敷衍，而是要懂得接话，要能根据他的话题做出相应的反应。当他说到一个十分精彩的事情时，你可以说："真的吗？""好棒啊！"当他谈论自己在处理某件颇具争议性的事件时，你可以说："如果我遇到这种情况，大概也会这么做！"如果他讲述自己受到的不公平待遇，你也可以做出感慨良多的表情，叹一句："这些人，将来一定会为自己的行为付出代价！"如果他极力想表现自己的幽默，你可以根据情况做出反应，比如嗔笑"我才不信呢！"或是抿嘴笑"好冷啊！"或是哈哈大笑"这样也行啊，我真是服了你了！"

当然，当对方讲话中断时，你也可以通过发问的方式让对方继续聊下去，比如"然后呢？""后来呢？""为什么？""怎么会这样？""后来那个人怎么样了？"即便他说的话专业到你听不懂或者完全没兴趣，你也可以通过重复对方口中关键词的方法让聊天进行下去。

比如他说："我最近正在研发一款水分测量仪……"

你可以说："水分测量仪？"

他说："没错，这款水分测量仪不止外观优美、质量可靠、经久耐用，而且很小，容易携带……"

你可以说："很小？有多小呢？"

你偶尔抛出的问题，会让对方感受到你的确在认真听他说话，他会很乐意说下去，且不会注意到你根本就不懂。

当然，让双方愉快的聊天是建立在双方都感兴趣的话题基础上的，如果你能找到两个人的共同点，发现大家都感兴趣的话题，那就更好了。

利用"首因效应"，打造良好的第一印象

1957年，心理学家卢钦斯做了一个实验，他杜撰出两段描述一位名叫詹姆的学生的生活片段。第一段是描述这个学生性格开朗的文字，第二段是描述这个学生性格冷淡的文字，之后，他把这两段文字进行了排列组合，发放给了参加测试的中学生。A组学生拿到的文字材料中，先展示了詹姆性格开朗的文字，之后是展示詹姆性格冷淡的文字；B组学生拿到的文字材料中，先展示了詹姆性格冷淡的文字，之后是展示詹姆性格开朗的文字。然后，卢钦斯让两组测试者说出对此人的印象，结果A组人普遍认为詹姆性格开朗，B组人则普遍认为詹姆性格冷淡。通过这个试验，卢钦斯提出了"首因效应"的概念。

什么是"首因效应"？

所谓"首因效应"，又被称为"首次效应""优先效应"或"第一印象效应"，它指的是，人们很容易对首次呈现出的信息产生深刻印象，并且这一印象会在交往双方之后的关系发展中产生至关重要的影响。虽然第一印象并不一定正确，但是当多种信息汇聚在一起时，人们为了在脑海中形成整体一致的印象，也会屈从于前面的信息，把第一印象作为整体印象，并且这种认知比以后的任何认知都更为牢固。

"首因效应"的事例多到不胜枚举。也就是说，一个人对另一个人的印象认知在初次见面时便已经形成了基本轮廓。

一位朋友向美国总统林肯推荐了一位才识过人的人，但林肯因为他的相貌并没有录用他。朋友责怪林肯以貌取人，错过人才，林肯却说，当一个人过了40岁，他就应该为自己的容貌负责。

三国时期，大才子庞统以"凤雏"之名名动天下，但是在曹操、孙权那里都没有得到重用，原因就在于他"浓眉掀鼻，黑面短髯，形容古怪"，让人一看就心中不快。

明明有才华，却得不到施展的机会，这就是"首因效应"在发挥作用。很明显，"首因效应"在很多时候并不正确，但我们还是难免要受到影响，难免会被以貌取人、以言取人，所以在人际交往中，我们一定要努力给他人留下良好的第一印象。

40秒，奠定一个人对另一个人的认知轮廓

作为群居动物，我们难免要跟人打交道，要建立自己的社交网络，而能否迅速赢得那些有资源的贵人的青睐、进而获得各种机会和资源，极有可能成为决定我们人生走向的关键。两个人从陌生到决定下一次是否见面进一步加深了解，往往取决于"第一印象"，也就是说，第一印象是后续交往的敲门砖，所以我们应该利用"首因效应"，在初次见面时注意塑造好自己的形象，以便给他人留下良好的印象。

一般来说，我们在第一次见到一个人时，会迅速在脑海中形成一个初步的感知印象，比如根据对方的性别、年龄、体态、姿势、谈吐、表情、衣着、妆容、眼神等判断他的个性特征和内在素养，并在随后的接触中

获取到其他信息作为补充，即成为对一个人的基本印象。心理学研究发现，人们在大脑中完成对一个人印象的认知轮廓的时间非常短暂，可能只是见面的前40秒！而在见面的4分钟内，就已经形成了整体的印象。

不要迷信"日久见人心""靠内涵打动他人"之类的说法，如果你没有机会在短时间内勾起他人结识你的兴趣，那么对方也不会再给你以内涵打动他的机会。在资讯高度发达、生活节奏日趋加快的今天，已经很少有人愿意花时间去深入了解另一个人了，所以如果我们能够在平时多注意自己的形象，便有可能凭借良好的第一印象打开机遇的大门。倘若我们不能在与人初次见面时给人留下良好的印象，即便后来可以被人重新看到我们身上的优点，但那些原本能改变我们人生轨迹的机会却已然丧失了。

良好印象的要素

一个人对另一个人的第一印象，是由外形和举止一起构成的，下面我们就来探讨一下，如何给他人留下良好的第一印象。

（1）着装。

俗话说，"三分长相七分打扮"，一个人无法选择自己的长相，却完全可以通过自己的装束来提升形象。

首先，整个人要看上去干净利落，富有朝气，这样才能给人留下自律、自爱、有修养的印象。紧随其后的就是服装，好的服装，并不需要特别昂贵，也无需款式多么新颖，关键是能够烘托自己的气质，符合所处的场合，能够给人留下衣着得体的印象。穿衣可以保有自己的风格，但更应该符合所处的场合，切忌太过惹眼、浮夸、非主流，以免让人产生虚浮、不可信赖之感。关于如何穿着，我们在下文中会有更详细的介绍。

（2）言谈举止。

社交场合，外在的打扮自然是非常重要的，但是我们也决不能忽视自己的言谈举止。事实上，社交场合中有不少人虽然穿着打扮精致亮眼，却因为不雅的言辞和无意间暴露出的小缺点而让对方反感，所以我们一定要注意自己的言谈举止，切莫给人留下不好的印象。

打招呼时，记得尽可能提及对方的名字或尊称，这会让人生出一种亲切感，会为你赢得意外的分数，"XX，你好，久仰大名！很高兴认识你！"落落大方的问候方式不是老套，而是为了更好地凸显自己的涵养。

说话时，声音不要太大，要尽量把音量控制在让对方听起来舒服的范围之内，这是绅士和淑女的做法。从谈话的内容上来说，尽量不要谈及私密问题，不要做无谓的争辩，保持微笑，语言切莫尖酸刻薄，更不要为了抬高自己而贬低别人。说话之前先想想自己说出去的话会不会引起对方的反感、什么样的话题会让对方愿意跟你聊，这样既可以保证聊天的顺利进行，也能给对方留下体贴的好印象。

站立时，要尽可能挺直腰背，姿态要自然优雅。走路时要昂首挺胸，避免含胸驼背，这样才能充分展现自己的气质。还有，尽可能不要发出鞋子摩擦地面的声音，这是没有教养的表现，如果你的鞋子不太合脚，那就再去买一双，女士高跟鞋发出的声音属于正常。坐着时，要尽可能挺直腰身，双肩打开，不要跷二郎腿，更不要抖腿、跷脚、抠鼻子，女生最好能够将两腿并拢。

人际交往中，手势也是需要注意的一个重要方面，别人递东西给你，记得要双手接过来；给别人指示方向时，不要用一根手指去指，可以用整个手掌去展示方向。如果你在交谈中习惯用手势，记得不要太过夸张，比出的手势控制在自己肩膀范围以内。

如果你觉得自己在礼仪方面的认知尚有不足，可以去学习几堂礼仪课。

（3）态度修养。

人际交往中，我们都愿意跟有修养的人在一起。修养是在日常生活中长期养成的习惯，主要表现为"仁义礼智信，温良恭俭让，忠孝悌慎廉，勤正刚直勇"。修养跟金钱没有太大关系，有修养的人大多态度真诚、自然，说话直截了当，懂得照顾他人的感情，而不会给人留下虚伪的印象。修养表现在平时的一举一动中，有的人面对自己想要结识的人会表现得特别有修养，但是一转脸就对着服务生恶脸相向，这种行为看在别人眼里，只会让人反感。所以，我们不但要留意自己的每一个细节，在细节中展现自己的修养，更要注意修炼自己的思想、习惯、价值观、处世态度，这些内在的涵养会通过我们的行为向外界渗透。当我们能够做到内心平和正直、待人热情洋溢、懂得感恩、积极进取时，我们自然会对外界表现友好，极少抱怨，永远保持积极向上的姿态，让别人对我们的好感度大增。

（4）表情与视线。

与人第一次见面，尽可能保持微笑，无论你曾经经历过什么，无论你的情绪有多么糟糕，都不能把情绪带入下一次约会之中，以微笑把彼此之间的距离迅速拉近。

视线管理也很重要，许多年轻人内心羞涩且不自信，不好意思接触对方的目光，但是这种闪避对方视线的行为，极有可能会被对方视为"心中有鬼""不够光明磊落""没有修养"而受到轻视。所以一定要重视对视线的管理，握手之时应该保证与对方的视线接触在5秒钟左右，随后便不要再紧盯对方，眼神尽量柔和下来，平视对方，交流之时，视线应该在对方双眼和鼻子之间的三角地带游荡。

在社交场合，对细节的把握会让你给别人留下良好的印象，无论是在求职、相亲还是在聚会、拜见长辈时，都可以让你交上一份满意的答卷，赢得别人的好感。自然，以后更深层次的交往还需要我们提升自己的谈吐、举止、修养和素质，否则便可能引发负面的"近因效应"，让我们之前给别人留下的好印象荡然无存。

视觉化的语言，更容易打动他人

在一个王国里，生活着一位美丽的公主，她的美貌足以令天下人倾倒。有一天，国王诏令天下，如果有哪位男子可以进入女巫的城堡，国王就把公主嫁给他。王子们为了娶到公主，纷纷表示要尽力一试。一位少年也听闻这个消息，他轻声说："我会进入女巫的城堡，然后迎娶公主。"大家听了，纷纷嘲笑他自不量力。

王子们用各种方法试图攻下城堡，却都被城堡里的女巫打败了，少年站在高处看着一切，为女巫的智慧倾倒。在王子们纷纷败退之后，少年敲响了城堡的大门。

大门应声而开，开门的正是女巫："你是第一个征得我同意才进来的人，想要跟我一同参观城堡吗？"

少年微笑着点点头。

女巫带着少年参观了她玫瑰色的图书室、美丽的花园、摆放着各种小发明或小装饰的工作室、备有各种精致食物的厨房，还带着他走上了精致的小船，他们一起把船滑进了波光粼粼的湖水里。少年问女巫为什么总戴着帽子，女巫害羞地说："我的头发太乱了……"他们在一起度过了愉快的一天，少年为女巫的智慧和风采所倾倒，他的脑海里不断重复播放着一幅幅画面：女巫那玫瑰色的图书室，女巫那精巧的设计，女巫爱喝的洋葱汤，女巫害羞地说自己头发乱……傍晚时分，他站在城堡上对外宣布："虽然我已经进入了女巫的城堡，但是我并不想迎娶公主，我爱的是女巫。"

这则简单的童话故事，蕴含着一个深刻的道理——相较语言上的承诺，被视觉化的东西更能打动人。少年之所以爱上女巫，就在于女巫展示出来的人格魅力更具有冲击力，而国王那干巴巴的承诺在视觉化的游说面前已经丧失了说服力。就像凯伦·伯格说的那样，"世界上99%的说服都不是用嘴巴完成的"，因为视觉化的语言在这个混乱浮躁的年代更具有冲击力，更能够引起他人的关注。那么，什么是视觉化的语言呢？

所谓视觉化的语言，就是我们通过视觉形象传递出鲜明的信息，比如我们通过穿着打扮、肢体语言、走姿坐姿、一举一动中流露出来的涵养、性格、气质等，这些信息往往比语言更能让人产生深刻的印象。我们常说的见到一个人"立即眼前一亮"或者"他很合我眼缘"等，都是视觉化的语言在发挥作用。当对方被你的形象打动，他才会认真考虑接受你的观点，进入你的人际圈子，并在你需要的时候帮助你。视觉化的语言，在人际交往中最直观的表现是视觉形象。当我们试图以语言打动别人，让别人进入自己的人脉圈，提升形象就是一个重要的加分项，所以我们一定不能忽视对个人形象的管理。你的语言能力、内涵修养都是包裹在个人形象之内的，倘若你不能让别人对你的形象产生好感，那么你可能永远都无法获取展示自己的能力、修养、才华的机会，自然也无法打动他人。个人形象管理，主要体现在以下几个方面。

发型

我们总是习惯说"从头改变""从头开始""齐头并进"，这些词语也间接指出了头的重要性。两个人接触，除非身高差别较大，否则我们打量一个人都是"从头看起"，所以那些对生活有要求的人绝不会让自己蓬头垢面地出门的，在这方面，韩国人的表现尤为突出。据说，韩国女生出门前必须洗头，然后再做发型，所以她们的发型永远是那么得体美观，倘若有一天你发现某位韩国美女突然戴了帽子出现，那多半是因为她没来得及洗头。我们可能达不到韩国美女那样跟自己头发死磕到底的境界，却也应该保证自己在任何场合出现时，头发都保持清爽干净，不要让头发过多地遮盖脸部，以避免让人产生颓废、阴暗之感，积极、正面的形象才能让他人增强与你合作的信心。

在发型的选择上，我们可以根据自己脸型和所从事工作的类型进行选择。以女性为例，菱形脸的女生适合偏立体的剪发构造，饱满蓬松的偏刘海会让脸部线头柔和许多。圆形脸不适合留卷发，否则会让脸部显得更大，增加发顶的高度和饱满度会让人看上去精神许多。椭圆形脸的女生适合许多发型，如果想让自己看上去成熟一些，可以烫卷发，或者把头发剪成短发或半长发；如果想让自己看起来年轻或者俏皮一些，可以剪齐耳短发，并以碎发点缀。梨形脸不适合齐刘海，可以用较多的头发修饰腮部。方形脸可以选择低层弹性烫 BoB 头，也可以留偏刘海，把颈部头发打薄，让脸部线条显得圆润一些。长形脸可以选择微弯的齐刘海，也可以通过做出蓬松的卷发让面部变得圆润一些，让人不再一看到便有肃穆之感。倒三角形脸可以烫出波浪形的卷发，让脸部线条呈现出椭圆形状，BOB 头也是适合的发型之一。当然，时尚的潮流一直在变，人们的审美也是如此，我们不必时刻追求时尚，选择适合自己的发型更为重要。

发型的选择固然重要，但一个优雅的发型没有良好的发质支撑，也会完全失去美感。一个人发质的好坏也能从侧面反映她的生活习惯。许多人的头发之所以干枯毛糙是长期熬夜、抽烟、节食导致荷尔蒙失调造成的，所以管理自己的发质，应该将内在的作息调理和外在的发质护理结合进行。

面部

说起面部，很多人会认为这个话题和女性关系更大，其实不然，男性、女性都不能忽视对面部的管理。对于女性来说，平时可以画个淡妆或者不化妆，但是倘若你的岗位职责要求每天见客户或者经常出现在一些正式社交场合，就应该认真化妆了，这是一种基本的礼貌。女生化妆的重点主要体现在眉毛、眼线和嘴唇三个部分，装扮好这三个部位，面部的轮廓会瞬间清晰起来，人看上去也会精神许多。

许多男生觉得，化妆是女生的事情，但事实上，男生也绝对不能忽视对自己相貌的管理。男生无需描眉涂唇彩，但是至少应该在出门会客之前修剪一下自己的眉形，剪掉冒出来的鼻毛，护理一下自己干燥、翘起死皮的嘴唇，剃净自己的胡碴，如果面色不好，还可以涂上一层BB霜，以展示自己最佳的状态。

衣着

人体的大部分都被衣着所覆盖，一个人可以通过衣着向外界传递自己的品味、审美、修养等多种信息。衣着是一种很重要的视觉工具，也是提升我们核心竞争力的一项软实力，我们绝对不可以掉以轻心，关于衣着，有以下小建议：

（1）衣服未必要昂贵，也不一定要紧随潮流，但一定要与出现的场合相匹配，要保证自己领口和袖口的整洁，要有质感，不能有褶皱，注意不要让衣服上有头屑，千万不要让一些小细节成为对方无视你的罪魁祸首。

（2）在衣服的颜色选择上，应该选择那些让人产生信赖感的颜色，如浅灰、炭黑、海军蓝、天蓝、驼色、酒红、墨绿等，不要选择浅粉、鹅黄、橘红等糖果色，这些颜色会让你看上去不专业，缺少内涵，如果你真的很喜欢，可以私下穿这种颜色的衣服。

（3）一个人对精致和品位的追求会通过其对衣服面料的选择体现出来。一般来说，男性衬衫可以选择纯棉、亚麻或真丝质地，女性的衬衫则可以多一些选择，比如雪纺和桑蚕丝。关于西装的质地，可以选择精纺纯羊毛和华达呢，夏季的服饰面料尽可能选择棉质和亚麻布。

第四点，关于服装的款式，由于每个人的身材不同，选择的衣服款式也没有固定的标准，但在选择衣服时，一定要注意衣服的款式、版型要能够烘托自己的身材气质。以女生为例，身上的衣服色调尽量不要超过三种，不要以过多的荷叶边、褶皱、蕾丝、立体花朵、卡通图案、亮片做点缀，裙子长度在膝盖及以上两厘米为最佳，身材偏瘦者可以选择裤装，会显得更为干练。

细节

当一个人梳着干净清爽的发型、穿着昂贵得体的西装出现，却没有注意到牙齿上的菜叶、鞋头上的污渍时，他的形象会彻底坍塌。所以，平时就注意对细节的关注和管理，才能让我们始终维持表里如一的良好形象。平时就要注意保持良好的卫生习惯，经常洗澡、换衣、刷牙、漱口，避免口腔和身体发出异味。修剪指甲，一定要避免指甲缝里留有黑泥，倘若做了美甲，一定要确保指甲款式完整，如果美甲造型有缺失，那么宁肯全部洗掉，也不能以不再美观的指甲示人。出门之前擦一下鞋子，避免鞋尖和鞋跟沾有尘土。撕掉鞋底的标签、剪掉衣服上的商标，如果有可能，尽量不要让你的衣服上出现品牌Logo……

当一个人以专业、大方、得体的形象出现在别人面前，定然会让人产生一个先入为主的良好印象，说出的话也会让人多几分信服，我们参与社交活动的目的也更容易实现。

吸引人脉，让自己成为一个有趣的人

有人说，完美的人生一定离不开9种人，这9种人分别是人生导师、伯乐、知己、互补者、诤友、生死至交、推手、搭桥人和玩伴。倘若说前面的8种人都与我们所做的"有益之事"息息相关，那么玩伴就是能为我们的生活增添趣味的人。人生苦短，我们所渴求的不只是优渥的生活、成功的事业，更需要一个让生活充满趣味的玩伴。这个玩伴，应该会吃会玩会胡闹，更重要的一点，应该有趣，因为有趣，才能为我们平淡的生活增添无穷趣味。那么什么是有趣呢？对此，朱光潜先生有过一段有名的论述，他说："我生平不怕呆人，也不怕聪明过度的人，只是对着没有趣味的人，要勉强同他说应酬话，真是觉得苦也。你对着有趣味的人，你并不必多谈话，只是默然相对，心领神会，便可觉得朋友中间的无上至乐。"古往今来，我们总能从各种史册书籍中发现一些有趣的人。

魏晋时期风流人物众多，说到有趣之人，却不能不提阮籍，阮籍最广为人知的一个特点就是擅长做"青白眼"，用通俗一点的话说，那就看到喜欢的人，就青睐有加；看到不喜欢的人，就翻一个大白眼给他看。按照礼节，叔嫂之间不能随便说话，但是阮籍偏偏要在他嫂嫂回娘家之时出门送一送。别人说了他两句，他就翻了个大白眼给人看，随即说道："礼节这种事，可不是为我而设的。"

阮籍爱喝酒，听说步兵厨房有好酒，他就义无反顾跑去做了步兵校尉，后来还落了个阮步兵的称号。有一次，阮籍到酒舍喝酒，喝醉了之后直接就倒在美艳的老板娘身边打起了呼噜，还引来了酒馆老板的怀疑，认为他意图不轨，后来发现他没有逾矩之举，才放了心。

有一兵家女子，生得非常美丽，且很有才华，声名远扬，可惜这个女子未出嫁就因病去世了，阮籍与这女子及其家人都不相识，却跑到人家家里痛哭拜祭，外人见了都觉得不可思议。

这么一个任性的人，却偏偏让当时和后世的人着迷不已，因为他活得不落窠臼，也因为他自始至终相当有趣。

无独有偶，沈复的夫人陈芸也因有趣在当时及后世声名大噪，就连林语堂都说："芸，我想，是中国文学上一个最可爱的女人。"陈芸出身名门，是名副其实的大家闺秀，但是这位大家闺秀却不同于一般的大家闺秀，她不喜华服脂粉，偏好残稿修订，言行举止不拘小节，时不时便要做出一点出格的事。

有一次元宵节，她换上男装到洞庭君祠游玩，玩到尽兴之时，居然忘记了自己是男子装扮，将胳膊搭在一位女士的身上，结果差点被人暴打一顿。

沈复喜好与好友外出饮酒赏花，但是每次带着烫好的酒和菜肴抵达约定的地方，就会发现酒菜已冷。陈芸知道之后，就想出了一个妙招，花一点钱雇卖馄饨的人把吃食挑到约定地点，然后便能现场烹茶煮酒，制作菜肴，众人坐地赏景，有酒有菜，莫不开怀。

可惜这个总是在为平凡生活制造乐趣的陈芸并不受沈复父母的待

见，公婆数次将其逐出家门，但是每一次，爱她爱得死去活来的沈复都不惜忤逆父母，跟着她一起出门，一起回来。

有趣的人无论对人对己，都有着积极的影响，他们不止会拥有幸福的家庭和婚姻，而且身上有一种能够聚拢人脉的力量。他们或许没钱、没资源，但是他们有见地、有品位、幽默、和善、有萌点，他们总能让人如沐春风、心情愉悦，他们总能让人有意外的惊喜，他们会让平淡的生活充满乐趣，他们总能给人带去快乐。他们的身边从来不缺少朋友，正是这样的人，让我们的生活增添了无数乐趣。

古往今来，在生活的重压之下，大多数人都表现为呆板、无趣、死气沉沉、枯燥无味，令人感觉不到一点趣味。有趣对当代人来说，可以称得上是一种稀缺资源，那么，我们如何才能成为一个广受欢迎的有趣之人呢？

有人说，你想要成为什么样的人，就要和什么样的人在一起，所以，当我们想要成为有趣的人，也应该先和有趣的人在一起。就像夫妻在一起生活时间久了就会有夫妻相一样，和有趣的人在一起时间长了，我们也会成为一个有趣的人。因为我们在和其交往中会下意识地模仿他的讲话和思维方式，情绪和心态也会受到影响。他会带我们进入他的世界，我们也会对他所研究的东西有所涉猎。当我们的视野和心态发生变化，这种变化会像滚雪球一样越来远大，我们的视野会变大，我们的喜好和眼光也在变化，人也会变得越来越有趣，成为别人乐于结交的人。

有经历、有故事，积极正面的人才能有趣

有趣的人，首先应该是一个能时刻给我们正能量的人，态度积极正

面，才有心思去钻研生活中的乐趣。他们的眼睛里装得下整个世界，不会为一点小事斤斤计较；他们对外界有敏锐的感知力，总能发现生活的美好，总能从他人身上找出闪光点。一个人身上的正能量，大多来自于其眼界和格局，他们勤奋，总是积极参与各种人生体验，有一定的经历，知识面宽广，别人说什么话都能接得上。他们可能不曾周游世界，阅遍名山大川，却也博览群书，通晓诸子百家，能谈时事，通古今。他们想象力丰富，有两三个小爱好，与人谈论皆能做到谈笑风生。

有观点，有爱好，有特长，真性情

明末清初散文家张岱说："人无癖不可交也，以其无深情也。"世上有许多人，钻到了钱眼里，甚至为了挣钱把自己约束得油盐不进，硬生生地切断自己所有的喜好，甚至最后他根本就没有任何喜好。这种人虽然意志力强，却大多较薄情，他们的功利心太重，所以做事说话都会权衡利弊，不为无益之事，自然也就难以在人前展露真性情。真正有喜好、有特长的人，才能为自己的身上增加标签。我们对一个人印象深刻，总是因为他身上某一个不同常人的特点。比如他擅长打棒球；比如他特别喜欢吃臭豆腐；比如他总是无所顾忌、前仰后合地大笑；比如他才辩无双，总是喜欢和人抬杠；比如他说起自己喜欢的话题会畅所欲言，他想调侃别人的时候也不会思前想后……他或许不会给人"绝对的舒适"之感，但是他拥有真性情，他拥有一个与别人不同的世界，能制造出更多出乎别人期待的惊喜，所以才能引起别人探究的欲望。

有萌点，敢自嘲

许多明星长相不算出众，却能在娱乐圈混得风生水起，原因就在于他们没有包袱，他们敢于自嘲，他们的身上有许多小萌点。还有些人，明明是个高冷范儿的外科医生，却抱着小狗满脸慈爱；明明是个刻板严谨的工程师，却能蹲在街头小卖部里对着一堆儿童漫画书挑挑拣拣；明明是个清秀优雅的美女，却能一秒变身女汉子；明明是因身高屡屡受挫的小个子，却偏偏爱对自己的身高各种自嘲……他们从来不会试图营造自己的完美形象，他们有自信，所以不会在乎人设的崩塌，他们敢于自嘲，他们身上自带小萌点。

仔细观察小孩子，我们就能发现，很多自由自在的孩子都是有趣的。他们或许没有阅历，但他们从不缺乏想象力，他们总是说出一些幼稚有趣的话语，做出一些让人啼笑皆非的事情。可是，随着年龄的增长，当他们明白了是非对错，懂得了权衡利弊，又在循规蹈矩的教育模式下慢慢磨掉了自身的棱角，逐渐变得小心翼翼，被各种标准和规则限制，便逐渐失去了有趣的本能。如果你也曾经历过这样的阶段，那么现在，已经拥有了小世界的你，就应该勇敢摆脱各种束缚，放飞自己，展示真实的自己，别再压抑自己的生命能量。我们必须得明白，我们不是人人喜爱的人民币，也没有自己想象的那么重要，我们说出的话、做出的事也没有那么大的影响力和杀伤力，我们都可以成为一个享受生活的普通人，在平凡的生活里过得更为有趣。

增加自己的可利用价值，拓展弱联系

在当今社会，人脉的重要性已经毋庸置疑，埋头闷声发大财的情况越来越少，借助人脉、团队的力量取得成绩已成为社会的主流，这种情况不只存在于中国，而是广泛存在于世界的每一个角落。20世纪70年代，斯坦福大学教授马克·格兰诺维特曾经做过一次调研，对居住在波士顿近郊的100个志愿者进行调查之后，他发现，在这100人中，真正通过正式渠道，如看广告投递简历找到工作的人有46人，而这100人中的54个人，是通过各种关系得到了工作。我们可以预见，在更注重人脉关系的中国，通过人脉找工作的比例更大。

从某种程度上说，中国社会是一个遍布关系网的社会，发生在我们身边的难以计数的事实案例也无一不在说明，关系的重要性。我们完全可以通过同学、朋友、亲人、同事认识一些人，又通过这些人认识另一些人，组建起自己的人际关系网，也成为他人人际关系网中一员。

与他人建立联系只是组建人脉关系网的第一步，人脉被充分利用才是其价值所在。如果在你需要的时候，人脉并不能发挥作用，那就说明你费尽心力搭建的人脉关系并没有什么用。

创造可利用价值，有价值者方能人气旺

说起于越的人生，颇有几分传奇色彩，他虽生长在小城市，却拥

有一个能量强大的父亲。在20世纪，他父亲生意做得很大，再加上他为人豪爽，所以家里向来都是人来人往，身边从来不缺朋友。于越自小深受父亲影响，也是为人慷慨，身边总是跟着一大帮朋友，他们跟于越称兄道弟，吃饭、唱歌、玩耍都是于越买单，于越对此却根本不在意，兄弟嘛，照应一下是应该的。他总听父亲说要注意经营自己的人脉关系，所以对于自己身边跟着的这帮人也甚为骄傲，瞧吧，哥们儿的人脉可广着呢！

考上大学之后，于越离开了原本生活的城市，原本聚在他身边的同学伙伴们也各奔东西。于越对此并没在意，不在一个城市，大家的联系自然会减少，自己如果有需要，大家肯定都会帮忙。

于越的大学生活过得非常惬意，因为为人豪爽仗义，他的身边很快就聚拢了一帮好朋友。但是大学毕业之后，于越的惬意生活戛然而止，他和父亲因为工作的事情闹掰了，他想到大城市创一番事业，而父亲却希望他能继承家业。父亲没办法让他改变主意，一怒之下切断了对他的经济支援。以前从不缺钱的于越突然过起了捉襟见肘的日子，这让他很不习惯。但是于越转念一想，自己当年帮了那么多兄弟，现在自己有了困难，大家也不会不帮忙的。

然而，他很快就被现实狠狠地打脸了，那些曾经跟他称兄道弟的人好像突然人间蒸发了，他们都知道了于越跟父亲决裂的消息，甚至不肯接他的电话。于越找了大学时最好的一个朋友，那家伙以前几乎天天跟着他混吃混喝，现在也找到了一份好工作，月入过万，他想着跟这个朋友借1000块钱总不至于借不到吧？可这个朋友偏偏就是不借,后来甚至连他的电话都不接了,于越还以为他出了什么事情,通过各种途径找他,这人最后终于在微信上回了于越几句话:"我挣的钱要养家糊口,凭什么要帮你?别再说我们是朋友,你有什么资本和我做朋友?"

于越把这句话看了一遍又一遍,顿时如坠冰窟,他一遍又一遍地翻看着自己的通讯录,上面曾经熟悉无比的名字此刻都变得陌生了,他一个一个地删去那些熟悉的陌生人,连同这么多年的情谊也一起删掉了。

"今天你对我爱答不理,明天我就让你高攀不起。"

警醒过来的于越在一家小公司找到了工作,在工作之余,他开始努力提升自己的专业技能,并在网络上分享自己的经验。一年之后,于越的名气渐响,他的自媒体已然突破了10万订阅量,他身边的朋友又多了起来,只是这一次,他清醒了很多,明白这些朋友的存在大多是源于资源互换。后来于越辞了职,成立了自己的内容创业公司,他很快便从一位伯乐手中拿到了500万的投资。这个消息在他之前的人际圈子迅速传播开来,于是那些以前隐身的朋友、同学又一个一个地冒了出来。

"老同学,还记得我吗?"

"哥们儿真厉害啊,前天还在杂志上看到你的一篇文章,写得真不错!"

"读书的时候我就知道,兄弟你绝非池中物!"

"什么时候有时间出来聚一聚吧!"

各种各样的消息从他的手机短信、微信、微博里涌出来。有一次，他在朋友圈里发了一个抱怨找不到某种资料的消息，结果半天不到，就有4个人把相关资料传给了他，其中两个，就是当初他落魄时对他不理不睬的人。对于这些人前后反差如此之大的原因，于越心知肚明，他现在越来越明白，一个人有没有人脉，不在于其本身，而在于他的可利用价值。

司马迁在《史记》中写道："天下熙熙，皆为利来；天下攘攘，皆为利往。"在当今社会，人们的每一分每一秒都有其价值，很少有人会为了没有回报的事情浪费时间，人们逐利而聚的情况更为明显，谁会在那些没有价值的人身上浪费精力和时间呢？想要让别人为己所用，首先自己得是一个可以被人所利用的人。没错，只有当我们自身具有实力或者我们拥有某种稀缺资源时，我们才能成为他人乐于结交的人，才可能在需要时获得他人的帮助。

不能否认，人脉的确可以帮我们解决许多问题，但是我们必须得明白，人脉不是我们通往成功的途径，人脉的多寡是我们努力之后的结果，取决于我们自身的可利用价值。永远不要说你认识多少个社会知名人士，永远不要说某位大咖是你的朋友，当你无力为别人提供任何帮助时，你在对方的眼里可能只是一个"0"。别说别人世故，要怪只能怪自己没有可利用价值。当然，如此说并不是否认世间存在真正的不以利益关系存续的友谊，而是鼓励所有的人，要努力做一个对他人有价值的人，这样你才能在你的人际关系网里站在前面的位置，才能帮助他人，而不是时时需要他人帮助，成为他人的累赘。

如果说经营人际关系也能走捷径，那这个捷径就是提升你的可利用价值、静下心来充实自己、努力提升自己的技能、站到更高的平台。当你的实力足够强大，你自然也就拥有了吸引人脉的能力。之后，你要做的，就是将自己的实力传播出去，拓展弱联系。

传播可利用价值，拓展弱联系

在传统观念里，有价值的人脉往往建立在强联系人脉基础上。所谓强联系，指的是建立在比较亲密的关系上的人脉关系，比如父母子女、兄弟姐妹、姑表舅甥之类的关系，再远一点，就是发小、至交之类的关系。但是社会学家们的研究却告诉我们，这些建立在强联系基础上的人脉并没有那么强的力量，事实上，我们在社会中获得的帮助，有相当大的比例来源于那些我们不怎么交往的关系，也就是不在你社交圈里的人，即弱联系。

为什么会这样呢？马克·格兰诺维特给出了答案。

马克·格兰诺维特在他的《弱联系的强度》里说，人们总是喜欢和自己相似的人在一起，大家做的事情都差不多，想法也较为接近，你们的关注点、圈子也相差无几，你不知道的消息他也很难知道，而只有那些弱联系的人才能把一些你不知道的消息传递给你。由此，我们可以看到，一个人得到机会的多寡，和其建立的社交网络有密不可分的关系，当我们注意拓展自己的弱联系，并将自己的可利用价值传播出去之时，我们才能被人注意到，那些平时不怎么联系的人为了和我们建立联系，也会在需要的时候互通有无，为我们传递有用消息。

2010 年，美国学者 Eagle、Macy 和 Claxton 对 2005 年 8 月份涵

盖英国90%的手机和99%以上的固定电话的通话记录展开了一项调查。他们发现，虽然他们无法查到每个人的经济状况，却可以根据通话记录对比其所处的小区，查出哪些小区的经济状况好，哪些小区的经济状况差。结果显示，那些交往人群多样化越明显的小区，居民的经济状况就越好，反之亦然。由此我们可以推断，建立弱联系绝对不是在做无用社交，相反的，我们会从中发掘对我们有价值的东西。

那么我们如何建立自己的弱联系呢？互联网无疑是最有效的工具。

毋庸置疑，互联网已经影响到我们社会生活的各个方面，人与人之间建立联系的成本越来越低，我们与其他人建立联系，自然可以通过网络进行。当你自带资源，便可以通过网络与那些久未联系、遍布各地的同学重新建立联系；当你参加各种线上线下的活动时，也可以多和别人打招呼、交流，以后自然有机会再联系；积极推销自己，可以找出自己对某位大咖的可利用价值，并通过点赞、评论、打赏等各种方式引起他的注意，并建立联系；发展一个业余爱好，也可以通过爱好进入他人的圈子……

每个人所处的环境和情况都不尽相同，需要我们根据自己的情况选择与他人建立弱联系的方式，并将自己的可利用价值传播出去，总有一天，你会从这些关系中收获丰厚的红利。

具备七大品格，
让你自带磁性

在人际关系的经营中，决定一个人交际多寡、能量大小的核心因素，无疑是他的实力，即对他人的可利用价值。价值交换，是商业社会的基本规则，只有当人与人之间有实现价值交换的可能时，双方才能产生结交的欲望。但是这并不意味着只要有实力，我们就能够拥有良好的人际关系。事实上，除了实力，决定我们交际状况的因素还有很多，以下就此做简要的介绍。

自信不羞涩，敢于展示自己

一个人的实力强弱，是无法从外表看出来的，想要让别人认识自己的实力，我们首先要拥有展示自己实力的自信和勇气。

现实生活中，我们经常会看到一些人，他们很有才华，思想也很有见地，专业能力也并不比别人差，但是因为不自信、缺少勇气、性格害羞、习惯防御，无法展示自己的能力，所以一直以来其才华不能为人所知，或者即便为人所知，也因为羞于或畏于与人沟通，而失去结交他人的机会。当一个人以羞涩封闭自己，就等于时刻在对他人说"NO"。倘若一个人的能力并没有到无可替代的地步，谁会先去留意一个拒绝自己的人呢？

如果你也有害羞的习惯，不如在与人会面之前先问问自己：我没有实力吗？我有见不得人的地方吗？我不完美，可是那些不如我的人不是依然可以因自信而散发光芒吗？当你把引起自己羞涩表现的因素逐个排除之后会发现，其实自己并不如想象中那般渺小，渐渐地你会自信起来，说话也有了底气。当你能够在与人交流时不再患得患失、畏畏缩缩、优柔寡断，以温暖的微笑面对他人、敞开怀抱应对挑战时，必然会吸引他人的注意，引起他人结交的欲望，聚拢在你身边的朋友也会越来越多。

真诚待人，换位思考

我们都喜欢和真诚的人相处，因为和他们在一起会让我们感觉非常舒服。真诚不是表现在我们能为对方做多少事，而是表现在一点一滴的关怀中：在他努力时为他加油；在他生病时为他伤怀；在他贫困时不离不弃；在他发达时不卑不亢。那种不带功利的、表现自然的真诚关怀，自然会赢得他人的好感，即便我们并没有足够的资源与其交换，也能得到对方的信赖，双方建立起紧密的联系。

真诚待人，首先应该有换位思考的能力，我们不能总想着从别人身上得到多少好处，而应该多为别人考虑，说话、做事之前先想想对方的感受，权衡各方利弊，这样不止不会伤害到他人，还会让对方视你为知己。真诚的人说话时不拐弯抹角，即便双方见解不同也不会轻易屈从对方或迫使对方屈从自己，而是以一颗包容的心求同存异。在别人取得成绩时，真诚的人不会说华而不实的漂亮话，而是为他深感高兴；在别人经历挫折失败时，真诚的人不会远离他，更不会落井下石，他们会给予安慰或更为实际的帮助。当我们能真诚地对待他人时，自然也会赢得他人的好感，进而也能获得他人的关怀帮助。

信守承诺，珍惜他人的时间

　　人无信不立，诚信的重要性毋庸置疑。我们说出去的话要算数，做出的承诺要兑现，但是也有些事情，我们往往会觉得太小或者无关紧要而不想去做。比如明明约好了第二天早上 8 点见面，结果到了 9 点才到，然后以一句"塞车"了事，全然不会为对方空等的 1 小时而自责，也看不到别人已经因为白白浪费了 1 小时而愤怒了。

　　无缘无故地浪费他人的时间，就是谋财害命。别人明明可以在 1 小时内写一篇文章、陪伴孩子或者做一件自己喜欢的事情，结果却因为一个人的不守时，而白白浪费了时间，怎能不怨、怎能不愤？怎能再与你结交？怎能愿意再让你任意浪费他的时间？

　　还有些人，事先不曾预约，一时兴起就跑到别人家里胡聊乱扯，说些没有营养的话，表面上看是想与人亲近，可是却没想到别人的计划也因此打乱。如今通信手段十分发达，我们已经无需通过登门拜访或见面来拉近关系或解决问题，微信、QQ、电话、短信等都能成为大家联络感情、商讨事宜的方式。如果见面很有必要，那么也尽量约好时间和地点，并准时或提早一点出现。信守承诺、珍惜他人时间的人才能获得他人的好感。

不卑不亢，待人谦逊

　　如果一个人在你面前趾高气扬，你还会有结交他的欲望吗？除非我们离不开他的帮助，否则恐怕我们会有多远走多远。很少有人生来就是一副奴才相，没有人会对狂傲之人产生好感。世界上最不缺少的就是人，地球也不至于离了哪个人就不转,张狂的人之所以张狂,不是因为他取得的成绩足够大,而是因为他的眼界小,以至于不知道这个世界上有太多比他有才华、比他更成功的人。事实上,越是成功的人就越是谦逊,就像越是饱满的稻穗越懂得低头一样,他们不会因为挫折而自甘卑微,也不会因为挺立潮头而目中无人。

不骄傲,并不代表我们要卑微,事实上,卑微的人往往会被人无视——连自己都看不起自己,谁还会看得起你呢?人们自然会认为,倘若满腹经纶,自然气质超群、谈吐得体、自信满满。我们可以谦逊,但绝不能卑微,谦逊是一种君子之风,待人有礼、不张狂,别人会从我们身上发现更多优点。

为人仗义,慷慨待人

武侠小说中常常提到,一个人行走江湖,最重要的是一个"义"字。所谓义,即仗义,为朋友两肋插刀,助人于危难之时。关羽、宋江、秦琼等无数英豪备受推崇的原因,就是因为他们身上的"义"。世人之所以如此重视"义气",就是因为它是一种稀缺资源,我们在现实中不常见到。而事实上,我们都渴望身边的朋友是仗义之人,能够在我们需要时出手相助,没有人会讨厌一个仗义的朋友,所以,我们也应该做一个仗义之人。

至于慷慨,那就更是理所应当了,人际交往讲究的是"礼尚往来",你得到了别人的馈赠,也应该投桃报李,回赠给对方一些礼物,这是人之常情,谁会愿意跟一个吝啬小气的人在一起呢?一个总想着索取却吝于付出的人,是绝不会受人欢迎的,自然也就不可能拥有良好的人际关系。

能守秘密，不道是非

每个人都有窥私心理，都有好奇心，所以我们经常会发现身边有一些人围在一起论家长里短、道人是非，什么老板离婚啦、某某和某某私底下在搞办公室恋情啦、某明星出轨啦……从表面上看，道人八卦的确会让气氛更加活络，但是当八卦论坛解散，大家都冷静下来之后，自然会对那些喜欢说人是非的人产生不好的印象。一个人说的话透露出其世界观、价值观和是非观，一个喜欢搬弄是非的人也极有可能是个喜欢搞是非的人，谁会愿意结交这样的人呢？或许稍有不慎就可能会沦为对方的谈资。对于这种人，大多数人都会选择敬而远之。所以，无论在何种情况下，我们都应该做一个口风严谨的人，即便我们知道了他人的一些秘密，无论在听到这个秘密之时我们是不是被要求保密，都应该把秘密烂在肚子里。传播是非、秘密或许能一时引得别人注意，却也会让我们在他人心目中的形象跌到谷底。相反的，那些总能保守秘密的人往往能获得他人的信任，被视作可以信赖的人。

心胸宽广，懂得感恩

人与人相交，因为成长背景、受教育程度、生活工作环境等各种因素影响，认知和处事方面的差异也很大，由此造成的矛盾、争执自然在所难免。有的人心胸狭窄，锱铢必较，表面上是在维护自己的利益，呵护自己的权利，殊不知其行为一旦被传扬出去，以后就很难有人愿意与其打交道。

宽容之人从不试图以自己的观念矫正他人，他们能尊重人，尊重他人的想法，不会为他人的偏见、偶尔的失利而计较，他们的人格中写着一个"大"字，心胸大，肚量大，待人厚道、友善。他们拥有一颗感恩的心，总是在忘记别人的坏、念着别人的好，所以心中总是满溢着幸福感，这样的人身上充满了正能量，也是大家都乐于结交的人。

优良的品格是吸引人的磁石，我们要不断修炼自己的品格，努力提升自己的眼界和格局，以成为对他人更具吸引力的人脉资源。

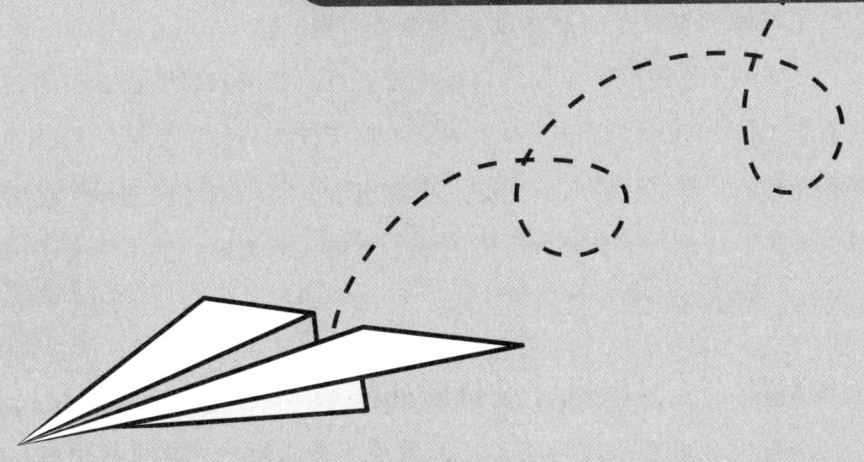

Chapter 4

能力提升，
就要比别人更优秀

累死你的不是工作，而是工作方法

进入咖啡厅还没坐下，王悦就开始对着闺蜜大倒苦水了："亲爱的，你不知道，老板简直不是人，本姑娘每天加班到晚上八九点，有的时候还要熬通宵，那么苦那么累，结果升职的居然是跟我一起进公司的沈莹，简直太没天理了，她哪有我工作努力啊！我从没见她加过班……"

王悦的话滔滔不绝，除了偶尔喝一口水，根本就没停过，直到她倒出了所有的哀怨，半天插不上话的闺蜜这才找到了说话的机会："既然她从不加班，那她的工作能做完吗？"

王悦瞬间怔住了，她从没想过这个问题。

同样的工作时间，工作内容也相差无几，有的人可以在 8 小时内完成所有工作，永远不加班，有的人却不得不让工作侵占生活，是因为前者智力超群、能力出众吗？未必。事实证明，有相当比例的员工之所以感觉辛苦、疲惫，不是因为他们的能力不够，而是他们的工作方法出现了问题，常出现的情况有以下几种。

工作环境、工具混乱，没有形成体系

小可进公司有一段时间了，工作虽不算出彩，也算中规中矩，公司也在考虑给她加薪水的事情，但是因为一件小事，改变了她的顶头上司对她的看法。

那天上司问小可要一个企划案，那是公司在半年前做的一个案子，偏偏小可找了许多地方都找不到，上司就站在她身后，看着她找，后来实在忍不住提醒她通过系统搜索找，可是小可偏偏又忘记了当初为文件取了什么名字。在翻开无数个文件夹之后，小可终于找到了那份文件，不过那已经是半小时之后的事情了。在此期间，上司一直站在她身后，脸色越来越难看，小可真觉得那半个小时的时间就像半个月那么长。

一天工作8小时，当你把半小时的时间花在找文件、查资料上，工作的时间也就减少了半小时，管中窥豹，我们的时间就这样被一点一点地浪费掉了。现在，仔细检查一下你的电脑，电脑桌面上是不是密密麻麻地摆放着许多东西？硬盘里的文件是不是都被存放在它们应该存储的地方？你能不能在1分钟内找到目标文件？如果不能，那么你就需要整理自己电脑。

（1）整理文件及文件夹，并命名。

我们的电脑硬盘一般分为C、D、E、F盘，其中C盘一般存放的是系统文件，D、E、F盘可以根据自己的需求分类，譬如D盘存放一些素材，E盘存放工作进程，F盘存放休闲影音文件等。

确定了D、E、F盘的内容之后，接下来就可以整理具体的文件了，将不同的文件分门别类地放入D、E、F盘，也许你会为用掉几个小时的时间而心痛，但这种一劳永逸的工作是非常有必要的。

将文件放入不同的硬盘内，接下来是整理具体的文件和文件夹，并根据实际内容为各个文件夹和文件重新命名。命名应该有一定的规律，以财务工作为例，我们可以根据时间为文件夹命名，譬如一个命名为"2012年9月"的文件夹，里面还可以分别放置"营收""支出"等文件夹，这些子文件夹里还可以有更细的分类。当然，给文件夹命名的工作要每时每刻进行，每当你新建、接收一个文件或者文件夹，就应该立即按照自己文件命名的格式为这些新的文件、文件夹重新命名，并放入其应该存在的位置。

工作中正在使用的文件夹可以放置在桌面上，但是工作完成之后就要重新存入工作盘，做好整理。

（2）整理桌面。

整理桌面，请谨记一条，桌面上不要放太多东西，东西多了不但影响美观，还会影响电脑运行速度。很多人习惯将桌面作为临时文件中转站，却不知这样做用不了多长时间就会让桌面布满密密麻麻、各式各样的文件，再加上桌面背景，那简直杂乱得不能看，对着这样的桌面工作，很难让人有好心情。所以，为了让我们看到电脑就有一个好心情，应该为其设置一个简单的背景，然后只需摆放我的电脑、回收站、网上邻居、浏览器、自己常用的两三个程序以及正在执行的工作即可。

工作台也是一个不能忽视的地方，很多人喜欢在桌面上放书籍、笔、抽纸、盆栽、小玩偶等。表面上看这些东西会让我们的工作环境变得温馨，可事实上工作场合就只能是工作的地方，当我们的桌面上被很多跟工作无关的东西侵占时，我们的注意力就会分散，以至于忽视我们必须要做的、重要的事情。所以，请把跟工作无关的东西都清理出去或收起来，当工作台干净整洁时，我们的心情会变得格外舒畅；当我们把工作日程和一日清单摆上桌面时，会更有紧迫感，对当天工作的顺利开展也有着积极的影响。

没有制作日程清单的习惯，就不能合理安排工作

你上班的前几件事是什么？上个厕所，冲杯咖啡，然后打开网页、邮箱、社交工具查查最新消息？如果你已经习惯于这样的工作方式，那么每天被你浪费掉的时间至少有半小时。与其抱怨每天加班、没时间游玩、没时间陪家人，不如为自己制定一份合理的工作清单并执行它。给自己列出一份工作清单，才不至于忘记最重要的事情，我们的工作状态才会有所改善。

一份工作清单的制定，首先从搜集待办事项开始，在每天下班之前，想想第二天要做的事情，然后写下来，按照轻重缓急、重要程度排好顺序，并根据自己的精力状况进行安排，制成清单。

比如刚刚开始工作的时候，我们的大脑需要预热，可以做一些简单的工作，以帮助我们进入工作状态；然后随之而来的就是一天之中最难、最重要、最紧急的工作；之后趁热打铁，完成第二个难啃的工作，当一天之中最难的工作完成之后，后面的工作就变得简单了许多，我们会带着轻松快乐的情绪去完成它。

也有些人，习惯使用史蒂芬·科维的四象限法给自己安排工作，如下图：

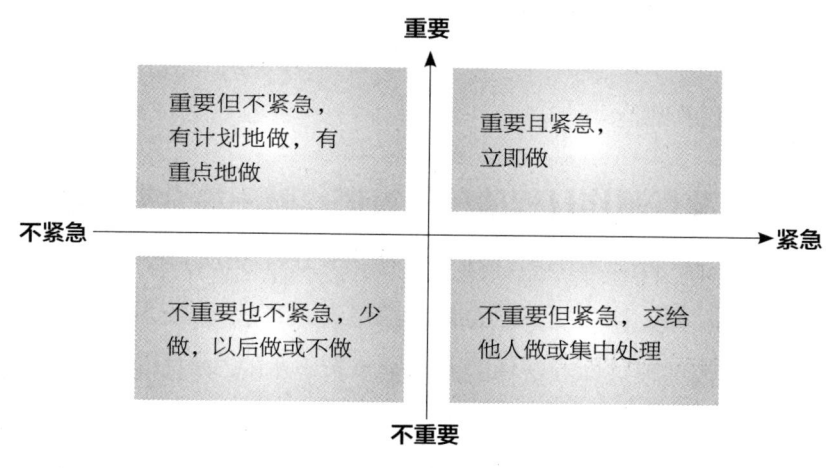

图2：四象限法则

第一象限："重要且紧急事项"，需要优先处理、立即去做的事情。

第二象限："重要但不紧急事项"，有计划、有重点地完成它。

第三象限："不重要也不紧急事项"，多为娱乐放松项目，可以作为工作间隙的放松项目，也可以选择以后做或不做。

第四象限："不重要但紧急事项"，集中处理，或将其交给下属或者其他人去做。能推则推，尽量少做。

确立了清单，我们第二天就应该按照清单逐条执行，如果在处理重要工作的过程中又突然插入了新工作，除非特别紧急，否则我们不应停下来去做那件插入的工作，而是应该把它记录在日程清单上，待最重要的工作处理完之后，再去对清单进行调整排序。

理论与实际脱节，执行力比较弱

人都有畏难情绪，所以在行动之时，就算是并不困难的工作在我们的眼中也会变得比较困难，但是当我们进入工作状态就会发现，原来事情根本没有我们想象的那么难。

上班第一件事，开启工作状态。万事开头难，所以我们首先要从不难的事情开始，在成就感中开始工作。看看下面的清单——

①打开电脑

②倒一杯水

③不要开社交软件

④不要打开网页

⑤打开工作软件

难吗？不难，我们很容易就能完成。完成之后，在每个任务后面打上红色的"√"，看着一连串红艳艳的标志，我们的成就感就会油然而生，会更乐于去做接下来的工作，"既然工作软件已经打开了，那么工作一会儿吧！"于是，我们逐渐进入工作状态。

如果你的目标难度比较大、耗时比较长，那就将其分解，当我们完成一部分又一部分的工作时，就会发现我们已然从中获得了成就感。牛顿第一定律告诉我们，物体在没有外力作用时会一直将运动持续下去，工作也是一样，当我们进入工作状态，就很容易沉浸进去，不需要意志力死撑，也能将其一鼓作气地完成。

不主动总结经验教训，能力提升缓慢

《论语》中说："吾日三省吾身。"对一天之内的工作，我们要做到"知其善者而从之，知其不善者而改之"。我们的工作充满着各种琐碎的小事，这些琐碎很可能会蒙住我们的双眼，让我们很难从客观上去把握全局，这种状况下，出纰漏就在所难免了。所以，每次把一个事情做完或者工作告一段落之后，就要从整体和全局上去对整件事情进行审视，看看是不是符合逻辑性，是不是偏离了大方向，有哪些地方可以改进，这样可以大大减少出错的概率，对我们的工作是很有助益的。

将我们犯下的错、学到的东西、得到的教训及时记录下来，我们才不会犯同样的错误，我们的能力才能得到提升。记录的内容并不仅限于总结经验教训，还可以记录我们的工作状态，书写的过程也是释放压力的过程，很多时候，我们的大脑容易陷入思维的漩涡，而书写则可以一步一步地帮助我们理清思路、情绪，走出漩涡。

效率：用 20% 的时间做好 80% 的事

读书时，我们经常会发现，很多一天到晚努力读书的学生成绩并不是最好的，成绩最好的同学并不一味苦读书。

工作时，我们也能发现，那些经常加班的人并不是业绩最突出的，而那些看似轻轻松松的人，却经常能取得最好的业绩。

为什么那些付出了更多努力的人并没有获得对等的回报呢？

不是因为他们的智商低下，而是因为他们在效率上出现了问题。

所以，能把我们从繁重复杂的工作中拯救出来的，不是争取到更多的时间，而是提高工作效率。没错，就是在尽可能少的时间里做尽可能多的事情，在最短的时间里取得尽可能多的成绩。那么我们该如何提高效率呢？

抓重点，先做最重要的事

二八法则告诉我们，我们每天所处理的大量繁杂的工作中，只有 20% 是重要内容，只要把 20% 的重要工作做好，就可以得到 80% 的回报。而那些琐碎的、不重要的、需要占用大量时间的工作，即便你花费了 80% 的时间去处理它，也只能获得 20% 的回报。举个简单的例子，耗时相差无几的两件事，一件很重要，一件不重要但简单，你会选择先做哪件事呢？一般人都会在畏难情绪的主导下选择去做简单的、喜欢做的事，而高效人士则会选择抓重点，先去处理重要的事情。所以，想要实现高效工作的目的，首先要学会调整自己的工作习惯，先去处理最重要的事。

第一步，将所有待处理的工作记录下来，并按轻重缓急的顺序进行排序，将那些可以不做的事情剔除掉，把那些可以交给下属或者他人去做的工作交代下去，并将负责人和完成时间记录下来。随后，检查你的日程表，你会发现密密麻麻的工作清单变得清爽了许多。然后，按照时间管理四象限工作法，将工作按照重要且紧急、重要但不太紧急、不重要但紧急、不重要且不紧急的顺序进行排列，一份合理的日程清单就制作完成了。

第二步，根据二八定律，如果你每天要处理的工作有十件，那么其中最重要的事情只有两件。我们在上班之后，可以做一件简单的工作让自己进入状态，然后就将精力放在处理这两件重要的工作上，一鼓作气，直至完成。当最重要的事情完成之后，我们焦虑的情绪便会缓解，更乐于去做剩下的事。

具体到工作细节上，我们可以根据二八法则，准备好决定大局的20%的内容，剩下的不甚重要的80%的工作可以粗略填充，待有时间再完善细节。抓重点、忽略无关紧要的细节，以结果为导向才能让我们的工作更高效。

对于他人的求助，如果不属于你的工作范畴，而你手头又有重要且紧急的事情处理，你可以找个理由拒绝或推脱，比如"今天恐怕没时间做别的了，老板刚刚又催了我一遍"，或"等我忙完再帮你吧"。这不是没有人情味，而是每个人都应该承担起自己应该承担的责任。无原则地帮助别人并不能让你收获别人的好感，只会纵容他人的惰性，并浪费自己的时间，甚至让你陷入不良人际关系的泥淖。

找回紧张感，别让工作膨胀挤满工作时间

进入办公室的前半个小时，你在做什么？

打开电脑、接一杯水、浏览一下新闻、打几个哈欠、开始为今天要做的工作而焦虑……在这半小时内你做了很多事，但就是不想开始工作，即便开始工作，也是效率极低。没错，我们都会有点拖延症，我们不想面对那些刻板且难度较高的工作，所以我们会磨磨蹭蹭，选择去做简单的、相对有趣的事情，结果导致工作的效率很低，只有在最后期限逼近时，我们的工作状态才会好转。

事实证明，拼命把工作往后推，只会让自己更焦虑，较之一开始便致力于工作，我们付出的精力也会更多，会感觉更疲累。"让一个人产生疲劳感的，不是工作本身，而是拖延引发的各种不良情绪。"解决这个问题的关键，就是找回紧张感，为自己创造一个开始的仪式。

进入办公室，打开电脑，接一杯水，然后打开工作界面，一次只做一件事，在喝水的同时寻找工作思路，有需要的话，写一个操作思路。然后，做几个深呼吸，放下手中的杯子，按照整理出的思路进行工作，断开一切干扰，全身心投入工作。

如果工作环境嘈杂，或者经常有同事交流，偶尔还会有新的工作任务闯入，我们首先要安抚自己的焦虑情绪。事实上，大多数人都做不到在面对外界打扰时还沉浸于工作，我们无需为自己的走神而自责，改善

这种情况最有效的办法，就是一旦发现自己走神，立即将分散的注意力收回来。

按照精力状况合理安排工作

根据二八定律，我们知道应该把主要精力用在处理最重要的事情上，但是，每个人一天之中的精力状况都会有高低起伏，并不能时刻保持精力充沛的最佳状态，所以我们也应该做好精力管理，在最高效的时间段去做最重要的事。

以一个普通的办公室工作者为例，在进入办公室的半小时内，很难去处理一件很困难的工作，我们的大脑需要切换状态，所以这个时间段属于低效时间段，我们应该去做简单的工作。9点半到11点半，我们的思维开始活跃，精力充沛，是进入工作的最佳时期，我们可以在这段时间处理一件最困难、最重要的事情。用世界著名潜能训练大师博恩·崔西在《吃掉那只青蛙》一书中提出的理论来说，假如我们每天的工作就是吞下一只又一只的青蛙，那么我们在这个时间段要做的事情，就是"吞下那只最丑、最大的青蛙"。这个工作时间段结束之后，我们的大脑会有一些疲劳，此时可以稍作休息，做收发邮件之类的简单工作。午休之后，身体会进入一个调整期，在起初的半小时内，我们同样可以去做一件难度不大的工作，完成对大脑的预热，然后进入高效工作状态，去处理难度较大、需要高度集中精力的工作。当一天的工作全部完成，我们还可以为一天的工作做一个回顾和总结。下班回家的路上，可以想想明天要做的工作……以此类推，合理分配时间，根据精力状况安排工作，是我们高效工作的有力保障。

在工作期间，还要注意尽可能地保持注意力集中，处理一件事的时候就只做这一件事，即便脑海中灵光一现，想到别的事情，也只能做一下简单记录，然后继续未完成的工作。很多人都有这样的体验——明明只是想打开网页查一个资料，结果一再被延伸阅读所吸引，结果白白浪费了大量的时间。工作也是如此，当我们专注于工作之外的念头和想法时，难免会沉浸其中，对正常的工作产生不良影响。所以，除非两件事情都无需耗费大量心神，否则还是建议大家一次只专注于一件事。

为每一天的工作做好统筹安排

任何稍有技术含量的工作，都需要我们以系统的眼光审视，从计划到执行再到回顾，都应该形成一个系统，这是保证高效工作的重要方法。在这里，我们为大家介绍一个很实用的工作管理方法——PDCA 管理循环法。

PDCA 管理循环法，是美国质量管理专家戴明博士在 1950 年推广的一种用于改善产品质量的方法，PDCA 中的四个字母分别代表 P (Plan) 计划、D (Do) 执行、C (Check) 检查、A (Action) 纠正。

P (Plan) 计划，这个阶段包括确定方针和目标、制定活动规划等内容。工作无计划，效率必低下。计划阶段，我们可以做好每天的计划、每周的计划、每月的计划，也可以做好一个项目的计划，做好了计划，才可以让计划落实，提升工作效率。在这个阶段，需要注意三个方面：

① 脚踏实地，制定合理的计划。一口吃不成胖子，好高骛远的计划注定会失败，而失败会引发我们的焦虑和挫败感，我们的工作积极性会大大降低。

② 切莫试图追求完美。任何试图准备充分再开始的想法都会导致拖延，完成永远比完美更重要，做计划应该抓大放小，做好基础框架，然后行动即可。

③ 搞清工作目的，避免做无用功。返工会导致时间被大量浪费，造成返工的原因可能是能力不足，也可能是因为没能明白上司的真实意图而导致工作重心偏移。所以我们在接到任务的时候就应该弄清楚重点，并做好标识记录，如果有不懂或不了解的地方，及时沟通。

D (Do) 执行，这个阶段，我们只需根据计划按部就班地做，高效高质地完成即可。

C (Check) 检查，当计划被顺利执行，我们接下来要做的，就是检查，查找里面有没有错误、遗漏，方向是否有偏差等。

A (Action) 纠正，处理检查后的结果，总结成功经验，并尽可能形成体系和标准，为下次的执行提供便利。而对于检查中出现的问题，应该及时纠正，总结教训，避免下次再出现类似情况。

一天的工作结束之后，你会做点什么呢？玩游戏？当然不！任何不良嗜好都有可能从星星之火形成燎原之势，我们决不能让任何不良嗜好形成习惯。事实上，你也只是结束了一天的工作，还有明天的工作、后天的工作，所以为一天的工作写一个总结，并做好第二天的工作计划很有必要。让高效工作一天接一天地持续下去，养成习惯，我们必然会从中发现越来越多的惊喜。

学会学习，
将知识转化为能力

现代管理学之父彼得·德鲁克曾说："所有能够在漫长岁月里保持高效能的人，几乎都和我一样，始终在不间断地学习，无论是企业主管还是学者，无论是军队的高级将领还是一流的医生，无论是教师还是艺术家，没有一个不是如此。"

在知识更替越来越快的今天，终身学习已经成为一种社会潮流，学习并将所学知识技能应用于实践，是我们提升能力的最佳途径。相较混乱复杂的网络而言，读书无疑是学习的最佳途径。可是，道理我们都懂，但依然执行不下去。

施卓在一家网店做电商运营已经有两年时间了，虽然工作于他而言已经是轻车熟路，但是在与同行交流时，他产生了深深的危机感。因为与那些出色的同行相比，他身上有太多的不足。施卓决定用学习提升能力，他将前辈推荐的书籍采购回来，便一片雄心壮志地投入学习中，但是，在读了3天书之后，他再也坚持不下去了。那些购置来的新书，有的甚至连塑封都没拆就被他束之高阁了。他太忙了，每天早上要跑步，下了班就累的什么都不想干了，吃吃饭、看看电视、洗洗涮涮，不知不觉就到了9点多，拿起书还没翻两页就昏昏欲睡了……

鲁迅先生说："时间就像海绵里的水，挤挤总会有的。"如果你找不到读书的时间，不是因为你工作比别人忙，也不是因为你生活比别人累，更不是因为你体力不够，而是因为你读书的欲望不够强烈。如果你真的没有时间读书，那你怎么会有时间看小说、浏览网页、刷朋友圈、打游戏、看电视？事实上，除了吃饭、睡觉、工作、清洁之外的时间，都可以用来学习啊！你之所以不能读书，不是你心有余而力不足，更不是因为你没时间，而是你不想逼迫自己去努力。现在，想想吧，如果你愿意，你可以在任何时候、任何地点、任何情况下读书，上下班的路上、排队等餐时、上厕所时、临睡前……都可以用来读书。所以，没时间读书，只不过是你不想逼迫自己去努力的借口罢了。

与施卓相比，魏潇的情况相对好一些，虽然他的工作并不轻松，但是他总能把工作之外的时间很好地利用起来，几乎每周都能读完一本书。但是不知怎么回事，魏潇并没有感觉读书给自己带来什么改变，除了在读书的时候会感觉有所收获外，过不了几天，书里的内容就被他忘了个七七八八，再过一段时间，重新拿起以前看过的书，心中泛起的全是陌生感。魏潇很郁闷，明明自己已经很努力去读书了，为什么却始终记不住书中的内容，读书也没有给自己的生活带来什么改变。

能读书就能进步吗？并非如此。读书看似简单，似乎能识字就能读，但事实上，单纯地靠识字阅读、靠大脑去记忆，并不能实现知识的内化与技能的提升。读书是一门技能，学会读书，我们才能将知识内化为能力，进而实现技能提升的目的。

选择合适的学习内容

有人读书是为了消遣，有人读书是为了提升技能、考证。如果是为了消遣而读书，那么读书就不再是一种煎熬，而是一种娱乐。当我们对一件事情乐在其中时，自然也就不会有拖延、抗拒的情绪，也就不会为此而苦恼了。但是，在大多数情况下，我们读书都抱着某种目的，在这种情况下，功利心强弱决定了我们能不能把书读下去。

如果你有足够的决心去学习一门技能，那么你就一定能找出时间读书学习，并制定读书的计划，读下去，读透彻，内化为能力。

如果我们想要学习 PPT 技能，那就看 PPT 有关书籍、在网络上查找学习视频或者去参加线上线下的课程；如果我们想要求职、跳槽，就去重点阅读豆瓣上评分较高的求职类书籍，并结合自己的实际情况进行分析，做出最棒的简历，完善自己的面试套路；如果我们想要学习写作，就购买一些写作类的专业书籍，读完它们，读透它们，并内化为自己的写作力；如果我们想要提升自己的管理能力，就购买一些沟通能力、领导力、演讲力、组织协调力之类的书籍，在学习的过程中不断总结，做好读书笔记。

也就是说，我们读书，应该有针对性的、根据自己的需要来读，要进行系统的阅读，读书时也不能把自己逼得太紧，要张弛有度，比如一个月有 30 天，你完成 25 天的阅读计划就是不小的收获。

读书时要学着让自己进入状态，找出自己在一天之中的最佳读书时间。有人喜欢早上读书，有人则在晚上读书效果更佳，无论什么时候，只要能够沉浸进去，就是最好的读书时刻。除了大块的读书时间，我们还可以将碎片时间整理利用，用于读书。当我们养成了读书的习惯，就等于拿到了提升技能、学习知识的利剑，就不必担心会被时代淘汰。

学会学习，方法很重要

我们身边有很多人，虽然上了十几年学，可是压根就没学会学习，在课堂之外，他们读书的方式仅限于"阅读"。"学习金字塔"理论告诉我们，通过阅读方式学到的内容，只能在我们大脑中留下 10% 左右，也就是说，我们花费了很多时间去读的书，大部分都成了无用功。

那么究竟通过哪些途径读书，才能收获更多呢？看看下面的"学习金字塔"，就能一目了然。

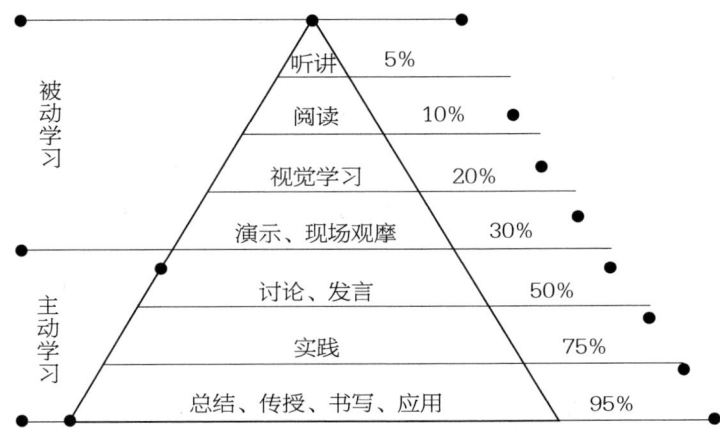

图 3：学习方式　内容留存率

"学习金字塔"是美国学者埃德加·戴尔在 1946 年提出的理论，这套理论认为，听讲（比如学生在课堂上听老师讲课）是最低效的学习方式，听讲得到的知识，两周后在我们大脑中留存的只有 5% 左右；通过阅读得到的知识，两周后在我们大脑中留存的还剩下 10% 左右；结合图像、声音等方式得到的知识，两周后在我们大脑中留存的有 20% 左右；以"影像、展览、现场观摩"等方式得到的知识，两周后在我们大脑中留存的有 30%；以讨论、发言等方式得到的知识，两周后在我们大脑中留存的有 50%；以实践中学习、实际操练等方式得到的知识，两周后在我们大脑中留存的有 75%；以总结、传授、书写、应用等方式得到的知识，两周后在我们大脑中留存的比例高达 90%。

在现实生活中，一般人都会采用学习效果在 30% 以下的几种传统的、被动的学习方式。他们理所当然地认为，学习就是听听课、看看书，可事实证明，他们学到的知识并没有在大脑中积累下来，所以也就难以达到高效学习的目的。

所以，想要学习，仅靠阅读和听讲肯定是不够的，我们还要在阅读、听讲之后，继续完成做笔记、复习、实践、输出、应用等过程，让整套学习成为系统，达到高效学习的目的。

刻意练习，把知识内化为能力

我们在读书的过程中，绝不能仅限于阅读或记录书中的个别句子，更不能只是看个热闹，而应该形成一个学习系统。

第一步，每阅读一部分内容，就回忆一下这部分所讲述的核心，如果有"干货"，可以用图片、思维导图的方式记录下来。

第二步，当我们读完一本书，就可以把这本书的内容进行整合，写成一篇或数篇文章，可以是书评，也可以是将书中知识进行高度浓缩的领读，实现知识的"输入——内化——输出"的过程。如果有条件，还可以与自己大脑中的其他相关知识进行糅合，做成 PPT、思维导图，形成新的文章，或者以演讲、授课的方式进行知识输出。输出是一种倒逼机制，自己读之有物，才能实现读后输出的目的，才能更好地将所学内容内化为知识、能力。

第三步，实践。我们学习的根本目的就是学以致用，将所学知识应用于实践之中，并由此提升能力，获得成绩，否则，学习的意义就没有达到。

说一千道一万，一切都要从读书开始，让读书成为一种习惯，甚至成为一种嗜好，就像鲁迅先生说的那样："嗜好的读书，该如爱打牌的一样，天天打，夜夜打，连续的去打，有时被公安局捉去了，放出来之后还是打。"真爱打牌的人目的不在赢钱，而在有趣。读书也是一样，手不释卷的原因就在于，读书者能从每一页里，找出深厚的趣味。

超强记忆法，让你不再为遗忘而苦恼

你是不是经常丢三落四，出了门之后才想起忘了带某个东西？

你是不是总忘记做最重要的工作，常常在上司问你要工作单时才发现自己居然还没做？

你是不是想学点东西，可是经常学着后面的忘了前面的，学习毫无效果？

遗忘、学习困难的现象经常困扰着你，你开始慨叹，原来人离开校园记忆力真的会变差，原来别人说的"学习是年轻人的事"真的是至理名言；抑或你觉得我们的大脑内存已濒临饱和，所以记忆远不如以前……

不！不！赶快把这种荒唐的想法从你的脑海中赶走吧！即便我们的记忆力不如读书时活跃，但我们的大脑绝不可能饱和，相反的，我们的记忆潜能非常大。美国科学家研究发现，我们大脑所能存储的知识，可以达到美国国会图书馆藏书的 50 倍，亦即 5 亿多万册！在《最强大脑》第一季里，有嘉宾也提出了自己的困惑，"为什么很多世界级的记忆大师都是中老年？"依照传统观念，青少年的记忆力应该超过中老年呀！中老年人的记忆力之所以会超出青少年，是因为他们掌握了适合自己的记忆方法，并在练习中不断积累经验。所以，千万不要再慨叹自己的记忆被年纪拖垮了，事实上只要我们找到适合自己的方法，并经常练习，记忆力极有可能会远远超过青少年时期。

学习记忆法，需要提升的两种能力

学习记忆法，首先应该提升自己的编码能力和联想能力，我们记忆的速度和维系时间的长短，都和这两种能力有着密不可分的关系。

（1）编码能力。

所谓编码能力，就是将那些需要记忆的东西和我们常见的事物产生关系的能力。编码能力是定桩法的基础，选好桩子（即"助记符"），对记忆的结果有着极为重要的作用。

我们可以选择最熟悉的事物作为桩子，比如我们的身体、居住的房子、经常走的那条路等，这些事物要有鲜明和独特的特点，能快速想起。

比如以我们的身体做桩，可以是头、脖子、胳膊、手、胸部、肚子、腿、脚；以我们的居所做桩，可以是大门、玄关、冰箱、空调、沙发、茶几、床、书架等。

当然，以数字为桩的方式也很常用，举个简单的例子，我们想到超市购物，想要买苹果、鲤鱼、馒头、酱油、抽纸，可以用数字进行编码。

像用铅笔来写字，这支铅笔是用苹果木做成的，有苹果的香味，记住了苹果；像鸭子水中游，鸭子跳进水里，猛地叼出了一条大鲤鱼，记住了鲤鱼；像耳朵听声音，有个人有特异功能，他用耳朵闻到馒头的气味，记住了馒头；像红旗迎风飘，红旗染上了酱油，颜色看上去很恶心，记住了酱油。编码的方式并不仅限于此，只要我们熟悉且有规律的事物都可以作为编码的桩子。

（2）联想能力。

联想能力更是记忆不可缺少的能力，它是借用我们所熟悉的形状、谐音、音乐等进行联想，记忆陌生的内容。无论使用什么记忆方法，都需要通过联想来建立联系，加深记忆。能否在两个完全无关的事物上快速建立联系，关系着记忆的速度和效果。

每个人都可以根据自己的生活经验和喜好进行联想。有的人喜欢夸张搞笑的联想；有的人喜欢与爱情有关的联想；有的人喜欢恐怖的联想；有的人喜欢用明星八卦来进行联想，无论选择何种方式，达到效果是最终目的。

比如以谐音方式，记忆秦灭六国的顺序，我们就可以把"韩国、赵国、魏国、楚国、燕国、齐国"用谐音记成"喊赵薇出演七阿哥"，一个女演员出演男性角色，就有了趣味性。

比如以形状记忆地理知识，将意大利半岛想象成一只长筒靴，"一个大力士特别爱穿长筒靴"；将中国想象成一只大公鸡，"雄鸡报晓，中国雄起"。

比如以音乐方式记忆元素周期表等。事实上，以音乐辅助记忆早已为人们所常用，我们耳熟能详的《拼音字母歌》《英语字母歌》等都采用了这种方法。

常用记忆方法

最常为人们使用的记忆方法有三种，一种是串联记忆法，一种是定桩记忆法，还有一种是图像记忆法。

（1）串联记忆法。

串联记忆法，是通过联想将两种或多种需要记忆的事物建立关系，串联在一起，达到记忆的目的。

方法一：抽出关键字进行串联。

汉字造字法有象形、会意、形声、指事、假借、转注六种，使用串联记忆法进行记忆，可以是"向贾指挥行注目礼"，向（象形）贾（假借）指（指事）挥（会意）行（形声）注（转注）目礼。

九华山、五台山、普陀山、峨眉山为四大佛教圣地，使用串联记忆法进行记忆，可以是"九五之尊，普照峨嵋"。

方法二：利用故事进行串联。

我们都喜欢听故事，利用故事进行串联记忆，可以进一步加深记忆。比如记忆汉字造字法时，我们可以在"向贾指挥行注目礼"的基础上进一步将其联想成一个小故事：一群着古装的刻字工人正在向一位指挥官行注目礼，指挥官胸口的徽章上写着一个大大的"贾"字。"九五之尊，普照峨嵋"也可以联想进一步联想：皇上刚展开乐谱，整个峨眉山就被跳跃而出的音符照亮了。荒诞的画面可以让我们的记忆更加深刻。

再举个例子，记忆元杂剧的四大悲剧：关汉卿的《窦娥冤》、马致远的《汉宫秋》、白朴的《梧桐雨》、纪君祥的《赵氏孤儿》，我们可以这样记：

先记作者——"白马关机"，白（白朴）马（马致远）关（关汉卿）机（纪君祥），唐僧穿越到了元朝，发生4件悲惨的事，打电话向白马求助，可是白马却关机了。

再让作者和作品之间建立关系。关汉卿《窦娥冤》——窦娥冤死之前，关上门亲了自家汉子一口；马致远《汉宫秋》——汉宫里一个名叫"秋"的宫女，骑着马支援（马致远）前线；白朴《梧桐雨》——雨打梧桐，白色的叶子铺满了地面；纪君祥《赵氏孤儿》——赵氏孤儿从军后，负责登记军饷（纪君祥）。

（2）定桩法。

定桩法，就是将事先已经编码好的事物作为"桩子"，然后通过联想将"桩子"与要记忆的事物建立联系，这就好比我们事先已经订好的书架一样，记忆的时候只要将书籍按照顺序放上去，下次找的时候就能在固定的位置找到，而且绝不会混淆。

前文我们已经说过，最常用的桩子，也就是助记符，主要有身体、数字、道路等，定桩法在古希腊时期就为人们广泛使用了，记忆宫殿采用的就是定桩法。

举个例子，以定桩法记忆十二生肖，我们可以以我们居住的房间作为桩子。

十二生肖侵占了你的家，下面请你推开门，看看家里的状况吧。

表7：十二生肖定桩法记忆

编码	定桩
大门	你刚到门口，就被放哨的老鼠发现了，它一溜烟儿地进了你的家。
空调	推开门，你看见牛背着空调正准备逃跑。
沙发	老虎可不怕你，它坐在沙发上镇定自若地指挥大家搬东西。
茶几	被派去搬茶几的兔子，被茶几死死地压在下面。
盆栽	龙看到兔子快要死去，赶忙吞下盆栽救兔子。
飘窗	白素贞（蛇）害羞地在飘窗上望着你。
衣柜	白龙马变成了人形，躲在衣柜里试穿你的衣服。

续表

床	你感觉床上有东西,刚掀开被子,一只羊跳了出来。
书架	向来好动的孙悟空(猴)此刻也装模作样地浏览着你书架上的书。
阳台	母鸡领着一群小鸡挤满了阳台,你连阳台的门都推不开了。
梳妆台	一只狗在对着梳妆台上的镜子涂口红。
梳妆凳	一只猪坐在梳妆凳上试图把狗挤开。

还要强调一点,定桩的重点有两个:第一,对于选择的桩子(助记符),你一定要非常熟悉;第二,在桩子(助记符)和需要记忆的事物之间建立联系时,想象要尽可能恐怖、怪诞、离奇,以加深印象。

当然,记忆的方法绝不限于以上两种,我们只要选择对自己来说记忆效果更好的一种即可,并不要求大家全部掌握所有的记忆法。学习记忆法的目的是为了记忆,倘若学得太乱太杂,反倒容易让我们没有办法熟练运用其中任何一种方法。找到适合自己的记忆法,并在记忆完成之后科学复习,我们的学习自然会达到效果,把学到的知识运用到实际工作中,工作能力自然也会随之提升。

(3)及时复习,防止遗忘。

一轮记忆结束之后,随之而来的应该是及时规律的复习,否则曾经被我们记在脑海中的东西会随着时间的推移被逐渐遗忘。

艾宾浩斯遗忘曲线显示,遗忘在记忆之后便立即开始,而且以不均匀的走势逐渐遗忘,开始的 24 小内遗忘最快,随后遗忘的速度会放缓。

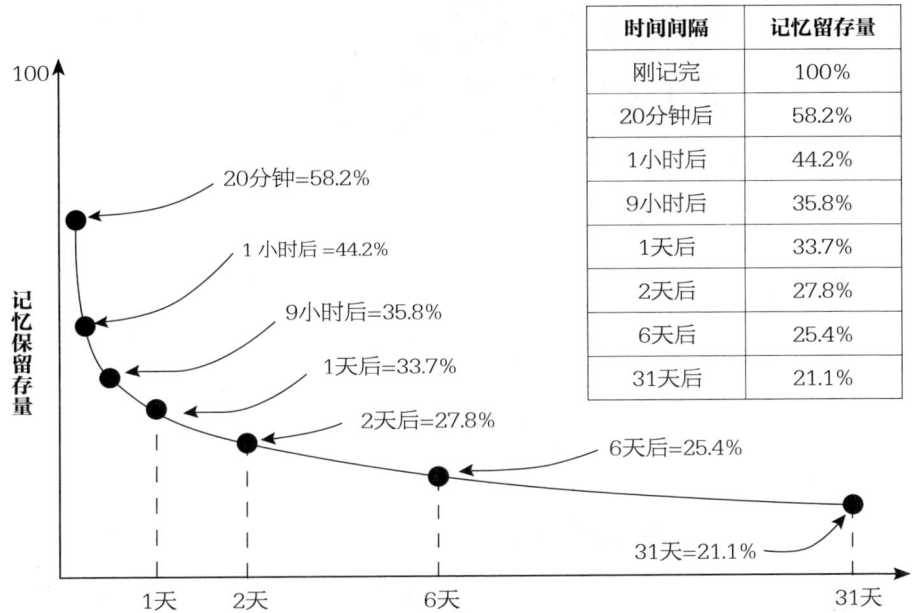

图4：艾宾浩斯遗忘曲线

　　从艾宾浩斯遗忘曲线图可以看出，遗忘在记忆结束 20 分钟后便会开始有显著变化，一天之后我们脑海中的记忆量仅为原先的 33.7%。所以结合实际情况考虑，我们应该把初次复习的时间安排在 24 小时以内，然后在一周、一月、六个月之后再对这些知识点进行复习。当我们及时复习时，被我们辛苦记住的大部分知识就都会被保留在脑海里。

思维导图，助你事半功倍

你知道什么是思维导图吗？

可能你听过这个词语，但不知道它的样子；也可能你见过很多，但不知道它们原来就是思维导图；也可能你现在正在学习或者已经学会使用这种工具。如果是这样，那么恭喜你，你正在或已经掌握了一种提升自己工作、生活能力的技能。

什么是思维导图

思维导图是东尼·巴赞在20世纪70年代创建并推广的一种工具，东尼·巴赞创造这种工具的最初目的，是写一本"大脑使用说明书"，以改善人们的记忆力。经过不断地探索，东尼·巴赞在纸上画出了一幅从中央主题向四周发散线条的放射状笔记，思维导图就此诞生了。

用专业术语来说，思维导图，又叫心智图、思维脑图，是一种简单又极其有效的图形思维工具。思维导图一般以相互隶属、相关的层级图表现出各级主题的关系，图文并茂地把主题关键词与图像、颜色等建立链接，帮助我们充分发挥左右脑的潜能，有助于我们记忆和学习。用一句通俗的话说，思维导图，就是把我们大脑中的思维进行图像化处理的过程。思维导图可以应用于多种场合，举个简单的例子——本小节的结构。

图5：本小节结构图

为什么思维导图要以这种放射性的大网形式呈现呢？这是因为这种方式符合人类的思维方式。仔细观察就能发现，思维导图与人类大脑神经元处理讯息的方式（见下图）非常相似，即围绕一个中心点向四周爆炸式发散，这种契合了大脑运行方式的工具，有利于我们理解、记忆和梳理思路等。

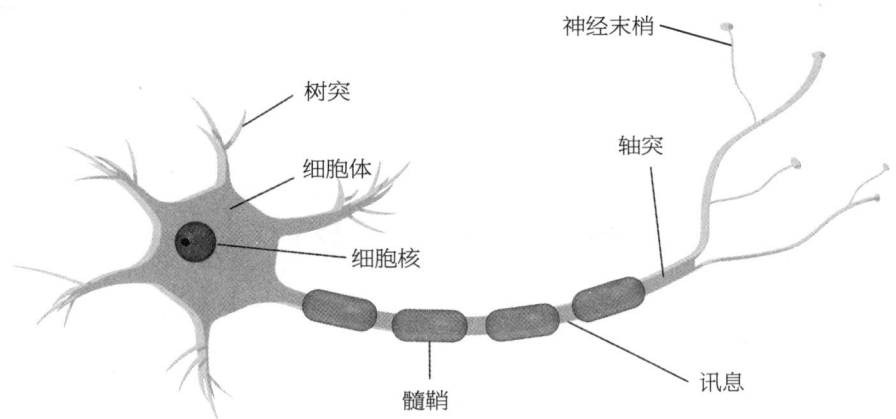

图6：大脑神经元处理讯息方式示意图

思维导图的用途

思维导图可以帮我们思考问题、解决问题，让我们的思维变得更加清晰，它的用途非常广泛。

（1）做笔记：当我们想要记录一些讯息时，可以用思维导图做记录，快速记录主题，然后以网状线发散出去，在线的另一端记录下核心词汇。与传统笔记相比，思维导图的好处很明显，无论信息表达的次序如何，知识点都可以记在合适的位置，帮助我们迅速理清思路。

（2）写备忘录：许多人在购物时会忘记要买的东西，借助思维导图，可以帮我们更快地记住要买的东西，事实上，思维导图比清单更适合做备忘录。

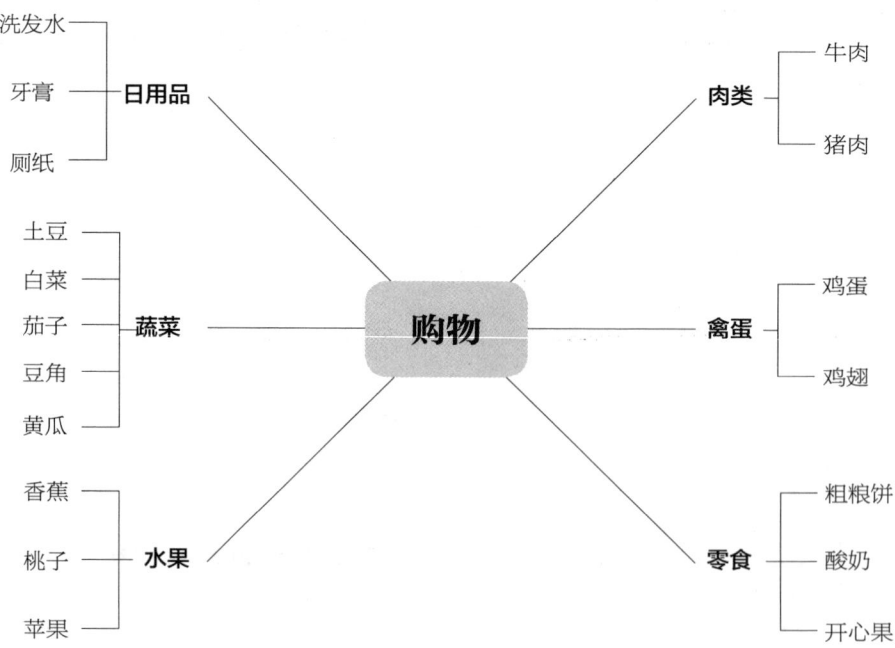

图7：购物思维导图

（3）做计划：当我们制订行动计划、个人计划、研究计划、问卷设计等活动时，思维导图也可以帮我们把所有可能用到的东西记录下来，然后再组织成更为清晰合理的文字，以保证思路的流畅性。

（4）创作：当我们准备进行写作、学术演习等创新活动时，可以将所有跟主题有关的东西记录下来，然后进行组织合并，绘制成思维导图，并随时进行修改。思维导图可以帮助我们的大脑一直保持清晰。

思维导图的使用范围并不仅限于以上内容，事实上，它几乎可以用在所有主题唯一的事务上，比如团体议决、个人抉择、帮孩子学习、演讲、教学、推销、解说等各个方面。

如何绘制思维导图

思维导图可以选择手绘，也可以选择软件绘制，双方各有优缺点。

（1）手绘思维导图。

① 手绘思维导图的七条规则。

矢岛美由希在《日常生活中的思维导图》中提出了思维导图的七条规则，分别是：

纸笔——纸张最好选用笔感好的 A4 纸，也可以在自己平时随身携带的手账本上绘制思维导图。笔的选择可以是铅笔、中性笔、彩笔。

中心图像——这个图像很小，无需深厚的绘画功底，能看懂即可。

颜色——色彩尽可能丰富，可以使用任何自己喜欢的颜色。

分支线条——不同等级可以选择不同粗细的线条，线条形状可以由粗到细，可以弯曲，也可以采用圆弧或者平直的线条。

词汇——一条分支搭配一个词汇（或语言），然后再对词汇进行联想分解。

层次化——围绕中心内容展开联想，将相关的词汇或内容都写下来，然后再做分类排列。

TEFCAS——TEFCAS 是指尝试（Trial）、行动（Event）、反馈（Feedback）、检查（Check）、调整（Adjust）和成功（Success），学得再多没有实践，也等于没有学习，所以，一切都要从实践开始。

② 手绘思维导图的 4 个步骤。

画出主题，主题是阅读，就可以在中间画一本书；主题是人物，就可以画一个小人头像；主题是一件事，比如运动会，就可以画个篮球或者跑步姿态的人，总之，只要将之视觉化，就达到了目的。

画一级分支，也就是主分支，沿着主题做发散性阐述。

画二级分支，二级分支是对主分支的进一步发散性阐述。

丰富思维导图，在思维导图基本绘制完成之后，就可以修饰线条、使用多种色彩，并尽可能将介绍图像化，因为大脑对图像的接收力和反应速度要远比对文字效果好。

（2）软件绘制思维导图。

目前大家常用的思维导图软件有 X-Mind、mindnode、百度脑图这几种，功能较全的几款绘图软件如亿图图示也具有绘制思维导图的功能。下面我们就以 X-Mind 为例，学习如何快速绘制思维导图。

①新建一个思维导图。打开 X-Mind，选择一个适合你的模板，然后点击新建菜单，创建一个空白的思维导图，双击输入主题。

②添加分支主题。添加分支主题按 Enter 键，添加子主题按 Insert

键,如果在分支主题或子主题上按回车键,可以添加同级主题。当然,你也可以按鼠标右键选择添加分支主题。如果发现输错了内容,可以按Delete键或者鼠标右键选择删除;如果想要调整主题顺序,直接用鼠标拖动到你想让它出现的地方即可。

③添加主题信息。可以将图标、图片、附件、标签、备注、超链接、录音等各种主题加入工具栏,方便将多种视觉、听觉元素加入思维导图。

④设置风格。窗口右侧上面为预览图,下方可以对线条、颜色、文字框和背景图案进行选择,大家可自行摸索。

⑤导出。思维导图制作完成之后,可以导出为图片,如果想要下次继续编辑,也可以保存为X-Mind格式。

以上就是X-Mind最基础的用法,非常容易上手。思维导图可以应用于工作、学习、生活的各个方面,多多练习,熟练应用,可以大大提高我们的效率。

(3)两种思维导图制作方式的优缺点。

手绘思维导图可以实现个性化绘制,可以随心搭配色彩和图像,展示我们的审美力,增强记忆,并训练右半脑形象思维的能力。但是这种方式也有其缺陷所在,比如耗时长、修改不太方便等。而通过软件绘制思维导图则可以完全解决这些不足,还可以随时转换风格,方便快捷,但与此同时,它也会失去手绘的质感和创意感。

用思维导图改变生活

以上,我们为大家介绍了思维导图的入门知识,接下来大家可以根据自身的喜好选择手绘或软件绘制。无论选择何种方式,当我们将自己制作的思维导图展示给上司或同事看的时候，会让对方瞬间感受到你的诚意和创意，也能从中发现你超乎常人的思维能力和学习能力，对我们的职场发展自然会有所助益。

当然，将思维导图应用于生活中同样可以提升我们的生活效率，所以，我们应该好好学习使用这个极为实用的工具。

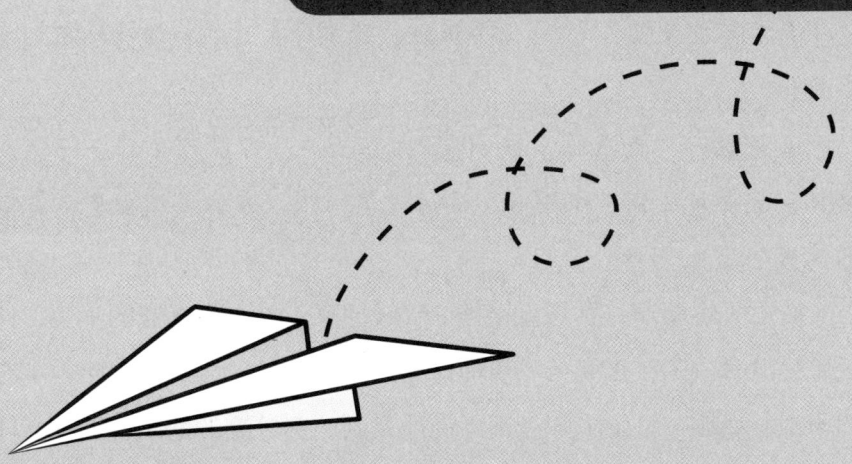

Chapter 5

一专多能，
成就更优秀的自己

敬业，才能让你变专业

余乐是一家O2O公司的HR，公司急需招聘一位财务人员，于是她向一些看上去条件不错的应聘者发出了面试邀请。第一位来面试的，是一位应届毕业生，她形象气质还算不错，余乐对她的印象相当不错，最后谈到薪资待遇时，女生莞尔一笑，说，"试用期8000吧"。

余乐顿时吃了一惊，问她："你调查过这个职位的市场普遍薪资水平吗？"

女孩面带微笑地说："我已经上网查过了，我提出的薪资水平确实有点偏高，但是我觉得自己值这个价。"

余乐不怒反笑："那你告诉我，你有什么技能？能为公司创造什么价值？"

女孩说："我熟练掌握office办公软件，目前已拿到会计从业资格证，普通话达到二级甲等，英语过了四级，专业成绩出色，是系里的优秀毕业生……"

结果可想而知，女孩直接被PASS掉了，一个刚毕业的学生，什么经验都没有，工作也完全不可能做到很专业，凭什么别人要给你那么高的薪水？当然，每位求职者都希望能拿到一份较高的薪水，这种心理我们都能理解，毕竟自己读了那么多年书，花了那么多钱，耗费了那么大精力，如果毕业之后拿着一份微薄的薪水，怎么好意思面见江东父老？

但是，我们更应该明白，一家企业给一个人开多少薪水，不是看他的前期投入有多少，而是看他是否足够专业，能否为公司创造足够多的价值、降低足够多的成本。所以，与其抱怨别人不识才，不如试着让自己变得更专业。

专业是什么？专业是凭一己之力就能把工作做到尽善尽美的能力。专业的人，总能从琐事中发现规律，熟悉与工作相关的行业和部门相关信息，并信手拈来；他们拥有超强的逻辑分析能力和工作能力；他们专心、细致；他们懂得将所有东西融会贯通，为了弥补不足愿意不断钻研学习。专业的人，等于端到了一个金饭碗，他们的职场之路永远顺遂，且难以被取代。

而让自己走上专业的手段之一，就是敬业，很多职场人最缺少的东西，也是敬业。

不为报酬而工作，敬业让你收获更多

据说，拿破仑·希尔曾经有一个年轻女助手，这位女助手的工作很简单，帮他拆阅、分类及回复大部分的私人信件，并记录下拿破仑口述的信件内容，所以女助手的薪水和同类型工作的人没什么差别。直到有一天，她在为拿破仑·希尔做记录时，写下了下面一句话——记住，唯一能限制你的，就是你在大脑中对自己所设置的限制。女助手被这句话深深打动，从那一天开始，她每天晚餐之后都要返回办公室做一些并非她分内的工作，她开始研究拿破仑·希尔的文字风格，揣摩他回信的内容，并不断摸索改进。渐渐地，她能够模仿拿破仑的回信，这些回信就和拿破仑·希尔本人写的一样好，有时甚至比拿破仑·希尔本人写得还要好。当然，这些都是分外的工作，她不会从这些工作中获得任何报酬。

后来，拿破仑的私人秘书辞职了，他立即想到让这位年轻的女助手来填补这个空缺。事实上，这位女助手先前在未领薪水的情况下做了不少私人秘书的工作，现在她已有足够的专业能力担任拿破仑·希尔的秘书工作。

这位女助手得到的并不只是高薪厚职，她出色的能力也引来了其他人的注意，许多人想从拿破仑·希尔这里把她挖走。为了留住她，拿破仑·希尔不得不多次加薪，她的薪水已是当初入行时的4倍。即便一直在支付高额的薪水，拿破仑·希尔却完全不想辞退她，因为她的专业对拿破仑·希尔极有价值。

令人敬佩的是，这位女职员并没有因为自己的不可被取代而懈怠，她总是比其他人更早上班、更晚下班，虽然她能够在较短的时间内处理完工作，她却喜欢留在办公室，因为她能从工作中获得乐趣和幸福感。

你看，当你爱上自己的职业，并努力让自己变得专业时，你往往能收获更多，而薪水的增加，只是随之而来的附加物。道理说出来，很多人都明白，但是我们还是忍不住抱怨，当理论与现实发生碰撞，敬业并不是那么容易的事。

2013年，盖洛普调查公司发布了一份历时两年完成的"全球员工敬业度调查"报告，该项调查报告针对世界上142个国家和地区的员工展开。

调查结果显示,全球平均敬业比例为13%,而中国员工敬业比例仅有6%;更令人触目惊心的是,中国办公室员工的敬业程度达到了世界最低,仅有3%,仅有美国的1/5。进一步的数据显示,无论从专业背景还是所从事的领域来看,中国员工的敬业程度都没什么太大差别,属于全世界最不敬业的员工。

为什么我们不敬业?原因无外乎薪水低、加班多、待遇差、管理缺少人性化等,可是,当我们完全被外界因素左右行为和思考模式时,就等于我们人为地在自己的大脑中设置了一个限制,我们开始消极怠工,也失去了让自己收获更多的可能。缺少了敬业精神的我们,怎么可能变得更专业?不专业又如何能升职加薪、触碰更高层次的人生?

敬业才能专业,专业才能成功

一家水果便利店的老板贴出了招聘启事,很快便有不少人前来应聘。

一位前来应聘的中年人跟老板谈到薪资待遇时,老板说道:"店员薪水日结,没有底薪,当天收入为营业额的1/10。"中年人听到这话,立即掉头离开了,没有底薪,就等于没有保障,万一哪一天没有客人,自己这一天岂不是白干了?

跟中年男人有同样想法的人不少,大多数人在听说店员没有底薪之后,二话不说就离开了。直到第二天太阳落山,老板也没有找到一个合适的店员。就在老板准备关门时,一个十八九岁的男孩走了进来,他表示自己想应聘店员。

老板把待遇和要求跟男孩讲了一遍，男孩听了并没有立即答话，而是沉思了片刻，就在老板以为他也会同其他应试者一样转身离开时，男孩说话了，他向老板询问了便利店的营收状况。老板告诉他，水果生意也有淡旺季，旺季时一天收入可能达到5万块，淡季的话可能一天只能收入1万块。

男孩听了，提出两个要求：

第一，周末、节假日的薪水要增加为营业额的1/5，如果当天的收入超过1万元，他的薪水就增加为3/10。

第二，销售策略由他自己全权掌握。

老板觉得可以接受，男孩就正式加入了这家便利店。每天，男孩都会用清水把水果洗得干干净净、摆得整整齐齐，而且经常会把水果的位置进行调换，让顾客有新鲜感。每天傍晚接近下班时，男孩还会把那些不太新鲜的水果摆出去特卖，吸引了不少节俭的老人。每逢节假日，男孩还会举行买赠活动。除此之外，男孩还把生意做到了网上，朋友圈转发可获赠新鲜水果，支持网上下单、送货上门……

老板看着男孩每天忙得不亦乐乎，水果店的生意比以前更好，也非常高兴，每天都依照约定给男孩发薪水。一个月下来，小男孩就拿到了2万多元的薪水，第二个月，宣传带来的红利又让他的薪水增加了一倍。

后来，男孩拿着自己挣到的钱，凭着经验和口碑开了一家自己的水果店，几年下来，挣到更多的钱，年纪轻轻就买了车、买了房，成了人生的赢家。

这个世界上，没有哪一位老板会把财富平白送给你，想要得到更多，全凭自己的努力。敬业的人，往往能够在工作中找到机会、提升能力，让自己变得更加专业，而一个专业的人，无论走到哪里，都不会为生计发愁，他们是职场中炙手可热的抢手货，是老板们信赖的左右手和不可或缺的资源。正如文中提到的男孩一样，他深刻地明白"大河没水小河干"的道理，敬业乐业，想办法提升水果便利店的收入，当店里的收入增加时，个人的收入自然也会随之水涨船高。更重要的是，当他成为一个专业的水果促销员时，其本身的价值也在大幅提升，所以才有了他后来的成功创业。那么，对一个职场人来说，什么才叫敬业呢？

何为敬业？如何敬业？

从企业管理者的角度来说，一个敬业的员工，应该能够时刻维护公司的利益，能够站在企业管理者的角度去思考问题，能够提供超出其报酬的服务，重视工作中的每一个细节，不推诿责任，不抗拒额外的工作，拥有不断提升的能力，工作踏实，懂得感恩……

从个人发展的角度来看，一个敬业的职场人，应该拥有以下职业素养：

（1）有管理者的意识。

一个员工，永远不能只把自己当作员工，否则就会困在自己的一方小天地里自怨自艾，抱怨自己薪资微薄，抱怨命运不公，完全体会不到工作的成就感和乐趣，也等于拒绝了自己进一步发展的可能。只有当我们站在管理者的角度观察自己，才能看到自己的缺点和不足，才能明白为公司创造价值才能收获自己想要的东西。

（2）把工作当事业，而不是混日子。

当你把工作当作需要自己去打拼的事业时，你便能从工作的点滴进步中收获成就感，乐在其中的你完全不会感受到工作带来的焦躁和疲惫。如果你不满足于每月拿几千块工资，你就应该关注当下的事业，积极努力做好工作，力争上游，终有一天，你将凭自己的专业站到更高的位置。

（3）永无止境地学习。

假如你刚进公司的时候是入门水平，半年之后，你依然是入门水平，老板凭什么要给你加薪水？永远不要指望自己可以靠论资排辈熬出头，这个途径变数太大、耗时太长。而当你一直在学习，那些被你掌握到的技能就成了你在职场中冲锋陷阵的资本，终有一天，你会找到更高的平台，取得更大的成就，看到更广阔的世界。

（4）不计较付出，努力提升自己的不可替代价值。

初入职场，没经验、不专业是我们的两块硬伤，而快速弥补这两块硬伤的最佳途径，就是少说、多做、多学习，以足够多的付出来弥补。老板给你 5000 块的薪水，你就做 10000 块的工作，直到你的努力从量变达到质变，就像拿破仑·希尔的女秘书一样，最终成为老板离不开的人，那么你的收获就不止是丰厚的酬劳，还有满满的成就感。

没有时间，那就创造时间

你的工作日是不是这样——

每天在闹钟的呼唤下匆匆从床上爬起来，胡乱吃点东西便直奔地铁站；上班就是不停地忙碌，明明手头的工作还没有完成，上司已经开始部署新工作；下了班还有许多工作没有做，于是你不得不任由工作侵占生活时间……

工作日没有时间，那周末总有大把时间吧？不，并没有。

忙得连轴转的工作好不容易结束了，总得给自己留点放松和休息的时间吧！于是周末的日常被你用来睡懒觉、逛街、呼朋唤友大吃大喝、唱歌吹牛、郊游散步……你安慰自己应该"劳逸结合"，生活不应该只有工作。

于是，你任由计划被搁浅，梦想被闲置，还不断地感慨着——时间啊，究竟都去哪儿了？

你有时间赖床，你有时间玩手机，你有时间看小说，你有时间追剧，你有时间吃喝玩乐，就是没有时间完成你的计划。

别再说自己没有时间了！现在，走出舒适圈，为你想做的事挤出时间吧。

高效工作，不再让工作侵占 8 小时以外的时间

一位农夫想要耕种自己的一块田地，于是他拿着工具就到了那块田地里。可是正准备耕地时，农夫忽然发现耕地的机器没油了，他只好推着机器去加油。刚准备加油，他又想起家里的猪还没喂，于是又丢下机器回家喂猪。刚到家门口，农夫看到几个发芽的土豆，就想去看看自家地里的土豆有没有发芽，于是转身就向土豆地跑去。走到半路，农夫看到别人在抱柴，想起自家的柴也快用完了，于是就跑去抱了一捆柴。就在此时，农夫在柴堆下发现自家丢了两天的那只鸡……

不知不觉，天色暗了下来，忙碌了一天的农夫此时才发现，田地还没耕，该加的油也没加，该喂的猪没有喂，想看的土豆地也没有看……

仔细想想，我们在工作中忙碌而窘迫的状况，与农夫何其相似。

你正在做一个文案，上司忽然交代了一个新任务，于是你停下来去查阅一下新任务的相关资料。看了半小时，你觉得难度有点大，于是又转过头来继续做文案。刚找回点思路，同事过来找你要资料，于是你又开始给他找资料。刚打发走同事，你正准备继续工作，上司又召集大家开会了……

忙忙碌碌的一天过去了，你的文案还没有写完，于是你不得不加班，可是疲惫感和饥饿感都在叫嚣，于是你不得不把工作带回家做。仔细想想，这些工作你真的不能在上班时间完成吗？并不是，事实上，只要你肯专注一点，工作再高效一点，工作绝对可以在 8 小时之内做完。

看看你身边的那些牛人们，他们的工作量并不比你少，但是通常情

况下，他们的工作都能很快完成，有时甚至只用一两个小时就完成了一天的工作，为什么你不能呢？不是因为你能力不够，而是因为你不够专注，效率低下。你太容易被别人打扰，做事情太容易走神，经常无缘无故地去帮别人的忙，遇到一点困难就退缩，结果明明1小时就能做完的事情，偏偏3个小时都不能完成。

高效工作，首先应该提升自己的专注力，尽可能早地开始工作，把工作往前赶，不要一上班就去开网页、收邮件。你要尽可能屏蔽一切干扰，尽快进入工作角色，并为即将开展的工作制定工作线，想好做这件事如何开始、要分几个阶段进行、每个阶段的工作内容大致是怎样的。考虑清楚之后，列好事件流程，就可以按照步骤执行，这样既可以让工作思路变得清晰，又可以降低我们的畏难情绪。

准备工作做好之后，深呼吸，清除脑中杂念，开始工作，工作期间如果有其他工作插入，可以简单地记录下来，然后继续完成前面的工作。

放开你的手机，找回更多时间

现在回想一下，你一天有多少时间花在手机上？吃饭时、上厕所时、坐车时、走路时、睡觉时……手机已经成为你打发时间的主要工具。如果说以前我们还有时间看看书、听听音乐，呼朋唤友出去做个运动，那么现在，手机的乐趣几乎已经超越了所有娱乐方式。我们可以用手机聊天、视频、看小说、听广播、玩游戏，可以浏览各种八卦新闻……手机成了我们最亲密的伙伴。"我的手机呢？""拍个照，发到朋友圈！""WIFI密码是多少？""充电器借我用一下，我手机快没电了！"……关于手机的话题，每天都挂在我们的嘴边。

每天除了工作和睡觉，我们几乎每时每刻都与手机亲密相伴，于是我们放着那些应该做的事情不去做，任由梦想荒废。因为与外界相比，手机里明显有更有趣的世界，我们对手机的关注已经超过了对父母、爱人、孩子的关注。

如果你对手机一时不见如隔三秋，那么就别再抱怨自己没有时间了，你不是没时间，而是把时间都浪费在了手机上！想要找回时间，首先就要放下对手机的依赖，让其回归到通讯工具的位置，而不是消遣时间的工具。

将手机上购物类、视频类及其他娱乐类 APP 统统卸载，别怀疑，除非你的工作需要，这些应用程序几乎无法给你带来任何益处，只会让你浪费大量的时间和金钱。至于社交通讯类 APP 如微信、QQ、微博等的确为我们与他人建立联系并了解他人提供了便利，但与此同时，这些 APP 也让我们忍不住要关注他人动态，不知不觉浪费了大量时间。所以，我们应该限制通讯类 APP 的使用时间，比如限制自己每次打开通讯类 APP 的时间不能超过 5 分钟，两次间隔时间不能小于 1 小时等，具体可根据自己的情况自行设置。

有人说，想要去做一件事，就要让做这件事变得触手可及。如果你一时半会儿改不了刷手机的习惯，可以在手机上装载一些有益的 APP，比如管理清单类的奇妙清单、时间管理类的 forest、强制工作的 AppDetox、随时记录灵感的印象笔记、有道云笔记、讯飞语记等。即便你真的在乘车时无聊想要掏出手机消遣玩乐，也会在看到手机上的这些 APP 时迟疑一下，"只要点开一下，就能进步一点"，你的行为就会在潜移默化中发生改变，你也会逐渐成为一个积极向上的人。

手机的发明，为的是便利我们的生活，它是一种为人类服务的工具，善用手机的人会用它让生活变得更美好，不善用手机的人则极可能会成为手机的奴隶。在条件许可的情况下，放下你的手机，你将找回更多的时间，做自己喜欢做的事情，让梦想离自己进一步、更进一步。

找回被你浪费掉的碎片时间

一天有 24 小时，早中晚吃饭 3 小时，睡觉 8 小时，工作 8 小时，此外应该还有 5 个小时的时间，它们究竟去了哪里？是凭空消失了吗？

每天的时间都是一样的长短，时针、分针、秒针走动的时间也都一样，那貌似凭空消失的 5 小时其实被我们在无意间碎片化，并毫无意识地挥霍掉了。

排队时、等车时、等人时、公车地铁上、饭后午休前、下班后、晚饭后、睡觉前……这些时间，在我们不知不觉间悄然流逝，就这么凭空地被浪费掉了——其中大部分时间被用于玩手机了。也有不少人，试图利用碎片时间学点东西或者处理一点事情，但是因为时间短、环境嘈杂，无法专心下来，反倒弄得自己很烦躁，最后也就放弃了。毫无疑问，碎片时间确实很难被用于处理一些重要的、系统的、难度较高的任务，但是只要合理规划，我们依然可以做一些难度较低、并不需要大脑高度集中的事情。

在地铁上，可以回顾总结一下一天的工作，也可以记录一下第二天要处理的事情，并做一个简单的计划清单。晚饭后可以散散步，或者在看电视的同时做一会儿瑜伽等运动，临睡之前看一会儿书，这样劳逸结合的方式并不会让我们产生抗拒感。而当你真的能够做到合理充分利用碎片时间时，你会发现自己的精神状态也会随之改善，焦虑感也会随之缓解。

当然，利用碎片时间的前提是，你已经将大块的工作时间充分利用起来。如果在上班的时候做不到专注，却把希望寄托在下班之后的时间里，只会导致自己的时间被浪费得更加严重，即便下班后再行补救，也属于贻误正事的虚假勤奋，毫无价值可言。

如果你希望从碎片时间里找回一些时间，那么就提高自己的专注力，摆脱手机的牵绊，尽力让每一分钟产生价值吧。你会逐渐发现，高效自律正让你的生活变得自在从容，你的人生也在向着更好的方向前进！

告别拖延症，
别再让计划沦为空谈

你有拖延症吗？

你的工作很杂、很乱、很碎，以至于你经常在一天结束之后发现还有许多工作没有做？

你是否经常上班时间完不成工作，导致下班之后不得不加班？

你是不是总要准备充分再行动，结果等到你准备充分了却发现时间已经不够了？

你有没有在面对难度较大的工作时什么都不想做，只是想逃避？

你是不是每月总有那么一二十天消极怠工，什么都不想做，只想娱乐？

你是不是明明有许多工作要做，心里也很焦急，结果却一直刷微博、聊微信，就是无法开始工作？

……

林林总总的拖延症症状，几乎出现在每一个职场人身上，它让我们的执行力降低，让工作挤占我们8小时工作时间之外的时间，让我们的各项计划难以推行，让我们的能力难以得到提升，职场发展也举步维艰……为试图摆脱拖延症，我们研究了造成拖延症的心理，制定了各种计划，写下了各种誓言，结果却发现，依然抵挡不了惯性的力量，拖延症依然阴魂不散地纠缠着我们。真是让人想不明白，那些牛人们怎么会有那么强的行动力，他们是不是有什么战胜拖延、快速行动的妙招呢？

任何一个难度较大的问题，都不可能随随便便被解决，战胜拖延症也是如此。

拖延症的形成，和我们行动力的欠缺不无关系，而提升行动力，绝不可能仅仅依靠意志力。对于大多数拖延症患者来说，拖延惯性已经在我们的体内生长得盘根错节，以意志力相搏只能让我们的挫败感进一步增加，所以想要战胜拖延症，我们应该以巧制敌、以时间制胜。

工作太多不得不加班？试试专注时间块吧！

英国学者诺斯古德·帕金森经过多年研究，发现了一个规律——工作会自动膨胀，占满所有可用的时间，如果一个人在做一项任务时有充足的时间，那么他就会将节奏放慢，或者增加项目，比如为项目做更多的准备、搜集更多的资料等，只有感受到时间已经不多时，才会真正静下心来去做这件事。明明手头的资料已足够你制作一个PPT，但是因为时间还充足，我们就会忍不住去为一些细节检索更多的资料，以保万无一失，直至感觉时间已经不够用了，才急急忙忙地去制作PPT。也就是说，我们每天都会用低效率的工作将所有的工作时间填满，又用人为制造出的忙碌去阻止自己高效工作。

对此，美国学者 Steve Pavlina 提出了针对性的解决方案——专注时间块。Steve Pavlina 指出，专注工作 90 分钟，可以完成一个普通办公室工作人员 8 小时的工作量。

关掉手机，谢绝骚扰，切断与外界的一切联系，专注工作，注意力集中之时，你的工作效率会大大提高，当 90 分钟过去，你当天的工作已基本完成。倘若一开始，你无法做到连续专注 90 分钟，而你的工作即便被切断也可以被继续执行下去，那么你可以将 90 分钟分解为 3 个 30 分钟，每专注工作 25 分钟，便放松 5 分钟，随后又是 25 分钟……3 个短暂的 30 分钟，也是一个专注时间块。当你完成当天的大部分工作时，即便再有突发事件需要你处理，你也会处理得分外轻松。更重要的是，你会从任务的提前完成中找到成就感。当成就感纷至沓来时，你的拖延症状也会大幅度减轻。

总要等到准备充分再行动？告诉自己完成比完美更重要

秦诺是一名会计师，在他刻板严谨的职业面容下，却隐藏着一颗向往文学的心。他很想写一本商战小说，但是，每当他下班回到家想要开始写作时，便会患得患失，总觉得自己的准备还不够充分，同时还劝慰自己，工作已然非常辛苦，下了班便已腰酸背痛，为什么还要活得如此痛苦？所以他迟迟没有行动。

转眼一年过去了，秦诺做了一份年终总结，当他看到自己去年新年时写下的愿望，内心立即充满了自责和惆怅。为什么别人都能实现目标，而自己却一直拖拖拉拉，年初的计划到年尾也没启动？闲聊时，秦诺将自己的问题讲给一位好友听，好友对他说："这也很正常，拖延症发作而已。告诉你一个提升行动力的小诀窍吧！"

"什么小诀窍？"秦诺迫不及待地问。

"方法很简单，当你发现自己在拖延的时候，反复默念'完成比完美重要'，然后用各种方法逼迫自己坚持 30 天。当你挺过这 30 天，你就会发现，原来坚持一件事并不难，因为它已经成为了你的一种习惯。"

是啊，完成永远比完美更重要，虽然我们都知道慢工才能出细活，但很多时候，这句话在实践中变了味，成了我们拖延的借口。十年磨一剑的结果往往不是利刃无双，而是剑被磨残了。所以，我们在做事时应该秉承"多做少想"的行为规范，做完了再去完善，就是高效工作的秘密所在。

工作太难不想做？可以分解它

事实上，对于职场新人来说，因为经验的不足、能力的欠缺，我们总会遇到一些困难。比如上班刚一周，上司便让你写一份关于公司某项活动的外宣稿件，这时的你，对公司的情况还不太熟悉，写作经验也有所欠缺，你甚至不知道外宣文章应该是怎样的格式，你的大脑传递出来的第一个念头就是：完了，太难了，我不会写。信号一旦发出，大脑便会产生抵触，你会焦虑、恐慌、烦躁，你发觉自己无从下手，你会拖延，渐渐地你甚至对这份工作产生怀疑，想要马上辞职走人。

任何人到了任何阶段，都会遇到难题，只是困难的程度不同而已。面对困难，我们不要去想它有多难，而是首先要把它放在大脑里想一下，看有没有办法分解它。还是以写外宣稿件为例，分析你遇到的困难。

① 马上登录公司网站，阅读之前工作人员写好的外宣稿件，了解公司状况及写作模式。

② 了解活动情况，把关键点摘抄下来。

③ 写好文章梗概，再将相关内容检索或记录，并进行加工。

④ 润色完成。

你看，这样分解之后，整个过程就变得简单了许多。

分解任务，可以使用剥洋葱法，也可以使用分权树法，总之要把任务分解到你觉得没难度的程度，你就会乐于去完成它。当一个个分解小任务被顺利执行，我们也会在完成一个又一个分解任务的成就感中找到更多的动力，最终完成整个任务。

终极一招，结构化拖延法

如果你试过所有的方法，却依然治不好你的拖延症，那么你就顺其自然，试试曲线救国的策略——结构化拖延法吧。结构化拖延法是斯坦福大学教授约翰·佩里发明的一种治疗拖延症的特殊方法。约翰·佩里本身也是一位拖延症患者，他经常把今天要做的事情往后拖，后来，他在频频发作的拖延症上发现了一个规律，那就是：当他不得不面对一个难度较大的问题时，清单上的其他任务的难度就会在他的大脑中被主观地降低。比如他不得不写一篇难度较大的专业论文时，他就会先去完成那一篇被他拖了好几天的书评，因为相较论文而言，书评的难度低了许多。"既然要做，我就选点简单的事情做。"既然我们的大脑已经习惯了趋易避难，那么我们就可以利用这种心理，先把那些难度较小的事情完成了再说。这种方法，并不能让我们改掉拖延的坏习惯，却可以对我们的工作产生很大助益。就像人们常说的那样，"东边不亮西边亮"，即便你没有完成论文，但是至少你完成了书评，这也是一种收获啊！

所以，不要让你的清单上只保留"30分钟健身"这一个任务，而应该加上其他要做的事情，尤其是难度较大的事情，很快你会发现，你为了拖延完成那些难度较大的任务，会立即去完成30分钟的健身，以安抚焦虑的内心。

习惯，让你的行动力瞬间提升

老板给你发着薪水，为什么你依然不想工作？

明明知道学到一项技能可以增加自己的能力，为什么你还是不肯去学？

看到了别人业余写作获得的红利，为什么你还是不肯行动？

你可以给自己找一万个理由，但归结为一点，还是因为一个词：习惯！

因为不良的习惯，我们因循守旧，虽然明知道做一些事可能会让我们的人生打开一个新局面，但我们还是不愿意去做，这就是坏习惯在作祟。

人有好坏之分，习惯亦然。想要提高行动力，面对一项任务的时候毫不拖延地去执行并乐在其中，最有效的方法，就是养成一个好习惯。

心理学认为，当我们养成一个好习惯时，就会在特定情境下产生"自动化"的行为，这种行为，无需我们动用大剂量的自控力便能达成目标。养成好习惯，说起来容易做起来难。相信我们每个人都有类似经历：曾经为一个梦想满怀热血，可是没坚持几天便没有了继续下去的力气，得过且过的理念无时无刻不在干扰着我们的行动。

坚持 30 天，养成好习惯

日本习惯培养顾问公司董事长古川武士先生认为，习惯引力有两个维度，第一个维度，是身体对新习惯产生抗拒，这也是导致我们做事三分钟热度的根本原因；第二个维度，是习惯的惯性，当我们形成了一个习惯，大脑就会要求我们"按照往常一样去做"。古川武士认为，一个人养成一个好习惯，需要经历三个阶段：

第一阶段：反抗期（1~7天），这个阶段我们的行为表现为"刻意、不自然"，需要不断提醒自己、克制欲望，才能将行为进行下去。

这个阶段最明显的表现就是，当你想要形成一个好习惯时，大脑会立即产生对抗反应，"我不想做这件事""我想看小说、玩游戏""我好累，好想睡觉""时间还多着呢，晚点开始也没关系"……这时的你，意志力最薄弱。研究显示，有42%的人根本熬不过这个阶段就终止了养成好习惯的计划。

第二阶段：不稳定期（8~21天），这个阶段，我们的行为表现为"刻意，自然"，渐入佳境，然而我们还要有意识地坚持下去。

这个阶段，内心狂躁的叫嚣已经逐渐平息，大脑也开始试着接受新的行为和思考方式。然而，这时的你，依然要面对外来的干扰，"得去参加朋友的生日聚会！""听说新出的电影很棒，朋友再三推荐，还是去看看吧！""再不跟老朋友聚聚，感情就淡了！"忍得住寂寞，才能守得住繁华，可惜扛过了最初7天的人，还是有40%选择了放弃。

第三阶段：倦怠期（22~30天），这个阶段，我们的行为表现为"不经意，自然"，此时我们做事已如行云流水，无需刻意控制自己。

每一个阶段，我们都会遇到困难，行动力的缺失和心理自然生出的抗拒，总是让我们下意识地去寻找不去执行的借口。这时候让我们能够坚持下去的力量，不是意志力，而是正确的方法，比如把要坚持的事情做得有趣，比如在自己心情最为愉悦、精力最为充沛的时候去执行，比如以行动之后的成果激励自己……想要把一种行为养成习惯，应该注意以下几点。

（1）一次只锁定一个习惯。

健身、写作、抚琴、唱歌、背单词……你有很多渴望坚持去做的事情，有渴望，人生才有希望，但是，如果同时培养多种习惯，习惯的多线路会损耗你的意志力，结果大多是半途而废。所以，如果你想要去做一件事，请记住，一次只锁定一个习惯。

（2）放轻松，寓养于乐。

我们的大脑，是个天生的懒汉，它畏难懒散，最怕我们改变，所以，如果你的习惯养成计划表里满满当当的全是学习而没有娱乐，那么执行下去的可能性就会大大降低。小的时候我们都喜欢"玩着学"，长大以后，我们在习惯养成上，也应该"玩着养"，尽可能简化行为规则，并留出娱乐时间，充实而不乏乐趣，让你的行动更有动力。

（3）重在参与，允许失败。

习惯养成计划进行到某一天，领导突然喊你出差怎么办？别紧张，习惯养成过程中可以容许一次或两次失败的存在。将规则卡得太死，只会让自己陷入焦虑，让大脑陷入混乱，进而逃避压力，逃避行动，习惯养成计划便可能被永久拖延。

（4）奖惩结合，提高成功率。

为了保证习惯养成计划的顺利执行，我们可以通过外力的监督鼓励来提升成功率。常用的"胡萝卜"有物质奖励、精神鼓励、目标可视化、以仪式化驱赶懈怠情绪等，而最常用的"大棒"则有将目标公之于众、完不成目标便接受惩罚、让他人帮忙逼迫自己行动等。

惰性太大，不妨从微习惯开始

手机没电了，你可以拿起充电器给它充电；伸手接一杯咖啡，你会立即去做；打开网页看八卦新闻，你也经常不自觉地执行。但是你就是不愿意学习、工作，因为相比这些微不足道的动作，学习、工作很难。

那么倘若学习、工作也可以简单到毫无难度，只需你动一动手指就能完成呢？你会不会还那么抗拒呢？

没错，当我们能轻松搞定一件事时，我们会毫不犹豫地解决它。

所以，我们也可以把学习、工作目标设定到微不足道、简单到不会失败，届时我们便不会有任何体力、脑力或精神负担，工作和计划也会被顺利推行下去。

比如我们要在一年内考到中级会计师证，那么就可以把难以被推行下去的"每天读30页书"变成"有时间就把书翻开一下"，把"记录下30页书的重点内容"变成"拿起笔"。

比如你想每天写一篇工作总结，那么就可以把"写一篇工作总结"变成"打开软件，写几个字"。

……

这些微小的目标，可以轻松消除一个人的自我损耗，不会让我们感觉到怀疑或恐惧，让我们不再抗拒开始。而一旦我们开始行动，就很容易在惯性的支持下把这种行为继续下去，我们很容易对自己说，"既然已经开始了,那就不妨多做一点"。

如果连这么微小的事情你也不愿意去做,那么你就不得不逼自己一把了。有人说,我们之所以迟迟行动不了,是因为我们当下为之付出的代价还不够大。就像许多人关注养生,不是因为对晚年健康的向往,而是因为突然降临自己或者身边人身上的疾病。而让大多数人工作之后重新开始努力学习的,不是为了职场美好的前景,而是因为他们背负的生活重担。从这个角度来说,想要提高行动力,最有效的办法,是让自己立即、马上付出足够大的代价。

想要瘦身,先买下那条昂贵的裙子吧!想要学习,先报一个昂贵的辅导班吧!想要升职,先把自己的升值目标在朋友圈里公之于众吧!当你为一个目标付出了足够多的代价,你自然也就乐于行动起来,我们期望已久的理想状态也会随之而来。

折腾，
是成长的必经之路

在亲朋好友的眼里，余静是个极能折腾的人。

同学聚会，有同学问余静："我公司正准备购置一批办公用品，能不能在你们公司帮着疏通一下关系，走个最低价啊？"

余静淡淡一笑："我已经从原公司离职了，现在在一家广告公司工作。"

表姐从城北办事回来，"我正好从广告公司路过，你稍等一会儿，接了你一起走吧！"

余静连忙告诉表姐："我现在在一家地产公司工作，你好像不顺路……"

短短4年时间，余静换了3份工作，大家都说她瞎折腾，但是她却丝毫不以为意，还理直气壮地说："第一次换工作，是因为公司规章制度不健全，所以我要离开；第二次换工作，是因为公司待遇差，氛围不好，我自然不会在那里长待；第三次换工作，是因为地产公司的老板看重我，愿意给我更高的薪水！每一次折腾，我都是有原因的，绝不是在瞎折腾。"

没有人不渴望安定，只是当我们不满于现状、遇到更好的发展机会时，我们便有可能会选择折腾，跳槽、创业也就成了必然，这不是见异思迁，这是我们权衡利弊之后做出的抉择。

折腾吧，向着更美好的生活！

33岁，安灿带着三岁的女儿离开了生活多年的家，到另一个陌生的城市生活。在这里她没有房子，没有人脉，一切都要从零开始。为什么要这么折腾呢？没有人理解她。

在此之前，安灿是一个全职主妇，也是一个自由撰稿人，她和丈夫居住在自家购置的200多平方米的小院子里，离双方父母都不远，生活堪称幸福优裕。但是安灿渐渐厌倦了小城市的生活，这里生存要靠圈子，周围的人大都没什么进取心，他们更热衷于搬弄是非、攀比炫耀。孩子到了该上学的年纪，安灿干脆把心一横，和丈夫商量了一下，便决定带着孩子到大城市去，她接受了一家广告公司的邀请。租房子、搬家、给孩子选幼儿园……整整折腾了半个月，安灿的生活终于走上了另一条轨道，她踏入了职场，精神状态焕然一新。虽然每天都要兼顾工作与家庭，但工作让她接触到了更广阔的世界，她学到了新技能，认识了更多有趣的人。虽然不能经常见到父母，只能住在一室一厅的小房子里，但安灿却丝毫不后悔。

结了婚、生了孩子的人尚且可以为了获得更好的状态而折腾，为何我们偏要在年轻、无所牵挂的岁月里苦守着安逸？

明明公司的发展目标与你的个人发展目标不一致，为什么你还不肯辞职或跳槽？

明明你现在找到一个创业的好项目，为什么还要苦守着自己并不喜欢的朝九晚五的工作？

明明你现在做的工作并不能让你的能力得到提升，为什么还要日复一日去做?

明明有一家更好的企业向你抛出了橄榄枝,薪水更是超出现在许多,为什么你还困在原地纠结彷徨?

没有魄力、不敢决断、畏惧可能承受的风险、得失心太重……你可能给自己找了许多理由,但是最根本的原因就是,你习惯待在自己的舒适圈里,不愿也不敢去接触更广阔的世界。

没错,我们都喜欢舒适、熟悉的环境,但是倘若就此失去了进取心,那么我们极有可能会像温水里的青蛙,不知不觉之间失去生命的活力,最终成为被时代抛弃的人。

那么,我们是不是应该多多折腾呢?并非如此。

机遇往往伴随着风险,折腾需慎重

稍加留意,我们一定能在身边发现不少这样的人——

他们从来不会一份工作干太长时间,他们选择辞职的理由五花八门,什么"女生太少不利于找对象""老板颜值太低影响心情""公司离家太远,起不了那么早"……他们总是渴望找到薪水更高的工作,最好是"钱多事少离家近、位高权重责任轻";他们总是处处钻营,看到别人做一件事成功了就会不顾一切地冲上去模仿;他们懂得各种杂七杂八的东西,但没有一样精通;他们遇到一点困难、麻烦、不如意、压力大就会辞职……

没错,他们就是在瞎折腾,在这个浮躁的社会,有太多浮躁的人喜欢瞎折腾!他们没有意识到,瞎折腾对人生规划和职业规划都可能造成极具破坏性的影响。

俗话说，"跳槽穷半年，转行穷三年"，如果说同行业、同工种的跳槽对我们的职业生涯造成的影响尚且不算太大，那么进入一个新的行业或岗位就等于之前积累的职场技能、经验全部归零。当你30岁时还做着和刚毕业的学生一样的工作，被一个年龄比自己小几岁的人领导，难道不会觉得自己在职场那么多年都白干了吗？不会心生惋惜吗？

一个人经常瞎折腾，也会对他的职场成熟度和忠诚度产生不良影响，用人单位极有可能会将其拒之门外。而且，当一个人一直折腾，频繁而冲动地折腾，迟早有一天他会厌倦这种生活，并极有可能会陷入自我怀疑、自怨自艾中，心灵为负面情绪所充斥。

所以，折腾是好事，但瞎折腾只会导致自己虚度人生，所以我们的每一次折腾都应该有的放矢、慎重抉择。

折腾与否，需要多加权衡

《论语》中有句话叫作"三思而行"，谨慎才不容易出错。所以我们在对辞职、跳槽、创业做出抉择时，一定要慎重，因为一个错误的选择，不只是浪费掉时间、金钱、信誉，还可能导致我们的职业生涯倒退回起点。有了问题就追根溯源地解决问题，逃避永远不能解决根本问题。

学霸陈逸青进入职场之后，并没有延续之前的辉煌。虽然他顺利进入了一家大型国企，上司也很看重他，但他的职场生活过得并不如意。自从当上小领导之后，陈逸青就发现同事、领导之间的勾心斗角时不时就会上演，有好几次他都莫名其妙地吃了闷亏。终于有一次，陈逸青在做了替罪羊后忍无可忍，愤然从单位辞了职。

幸运的是，陈逸青教育背景不错，第二份工作做得也很不错，可是在升职之后又遇到了同类问题，他依然没有学会如何协调下属、同事和上司的关系，于是再一次辞了职。

职场一再受挫让陈逸青大受打击，他开始反省，是不是自己身上出现了问题。陈逸青翻阅了有关的书籍，又向几个好友说了自己的情况，在朋友们的帮助下，终于认识到确实是自己太过于较真了，因为对职场抱着太多不切实际的幻想，才始终做不好管理者。

想清楚这一切，他重新调整了状态，再次进入职场。他改变了作风，不再任由自己继续任性下去，他开始学着权衡各方利益，学着安抚人心，学着下放权力，这一次，他终于不必再辞职了，他已习惯了职场的众生相。

工作中遭遇挑战、不公平的对待、难以解决的人际问题，有时是因为环境的原因，有时是因为他人的原因，也有时是因为自己的原因。如果原因在于自身，而我们选择的却是逃避，那么同样的问题也会出现在下一份工作中。

所以，当我们在工作中遇到问题时，不要一味抱怨，更不要把责任推卸到他人身上，而应该先从自身找原因。事实上，现在的公司可能远没你想象的那么糟糕，外面的公司也没你想象的那般美好，在一个工作岗位上踏踏实实地做，直到自己成为专家，才能获得更多的发展机会，进入更广阔的发展天地。

斜杠青年：
开启你的多重身份

斜杠青年，即 Slash，指的是有着多重职业身份的年轻人。比如薛之谦，他的职业是歌手／演员／段子手。一名斜杠青年可能拥有一份朝九晚五的工作，工作之外，又能利用自己的才艺做一些喜欢的事情，并由此赚取额外的报酬，那么怎么才能成为一名斜杠青年呢？

付颖大学毕业之后进入一家广告公司做文案，公司规模不大，但是各种人事纠纷却不少，经常会有各种推诿扯皮的事情发生。老板、老板娘以及他们的亲属，个个都很奇葩，有时同事们中午在一起吃饭，也会聊聊老板家的各种八卦，付颖也会听一耳朵。她将这些事加工成小说发在网上，没想到居然颇受欢迎，点击量不断增长。后来，付颖还收到了不少编辑的私信，有的邀请她出书，有的邀请她加入自己的网站，付颖就此进入网文界，开启自己的写作生涯。两年之后，付颖在工作上已经能独当一面，手上出了好几个让客户满意的案子，在网文界也小有名声，网文写作带来的收入已经远超她的本职工作。再后来，付颖又对自己的写作经验进行总结，并结合自己学习的知识写成经验帖发表在网上，又引发了一波关注。于是，付颖开了自己的公众号，并与一位写作圈的好友联合起来，做起了线上收费培训，从最开始的每人每月 199 到后来每人每月 599 元，她只用了半年时间。她的线下课程，已经从最开始的 100 块 1 小时涨到了 2000 元 1 小时！从开始的职场小白,到后来的"资深文案/网络作家/讲师",成功晋级为斜杠青年,付颖用了3年多时间。她收获了名与利,也享受着鲜花和掌声。

对于大多数普通人来说,我们没有天生携带的资源,没办法跟人拼爹、拼关系、拼颜值,我们所能拼的,就是自己的努力。通过努力,让自己站在更高的地方,积累更多经验,培养独特的能力和优势,并用这种能力和优势去与他人交换我们渴望的金钱、技能、名誉、资源等。任何我们渴望企及的美好,都需要我们用努力去交换,持之以恒的努力,时间会给我们一个满意的回答。

做好你的第一个斜杠

当你下决心要做斜杠青年时,首先要做好自己的第一个斜杠,即你的本职工作,如果一个人连自己的本职工作都做不好,那么承担的风险就会大很多。虽然我们常说当一个人没有退路时便会拼尽全力去做一件事,但是在一个行业内崭露头角是需要积累的过程的。我们每个人都面临着巨大的生活压力,孤注一掷去做一件前程未卜的事情未免过于冒险,所以,我们应该在发展第二、第三斜杠之前,先做好第一个斜杠的工作,即我们的本职工作。

当你守着一个饭碗,再去为第二个饭碗努力的时候,你的心态是乐观的、放松的,因为你不缺饭吃,就可以在另一个领域里尽情地创新、试错,说不定做着做着就成功了。届时你在第一个饭碗之外就又有了一个新的饭碗,很多人都是在尝试的过程中让自己的事业上升到了一个新阶段。比如秋叶老师,原来是武汉工程大学的副教授,后来利用业余时间在网上做PPT,开始就是为了"玩",但是做着做着就受到了大家的追捧，后来就成功了，成了标准的斜杠青年。

也有不少人的第二个斜杠与其本职工作有所关联，假如你是一个出版社编辑，在不断的审稿中，自己的阅读和写作能力得到了提升，于是开拓出自己的第二个斜杠，成了一名作家，比如安妮宝贝。也有些人，在工作中发现了相关行业的空白，即有需求方无供给方，于是就此做一个创意，找人投资，合作开发一个新项目，就有了第二个斜杠身份。

找出发展第二个斜杠的可能性

有不少人，因为羡慕别人的多重身份，羡慕别人的潇洒多金，于是一味地模仿别人，以为自己也能沿着他走过的路重新找出自己的一片天。其实模仿并不能让你尽快走上成功之路，因为倘若你在他的领域尚属于入门阶段，你又如何能快速地脱颖而出呢？

所以，在开辟自己的第二个斜杠之前，要先为自己做一个分析：你的优势在哪里？你的优势可不可以作为以后发展第二个斜杠的目标？你有时间将自己的优势开辟为第二个斜杠吗？你的体力和精力是不是足以支撑？或许有人觉得，只要有兴趣，就可以在优势基础上发展出第二个斜杠，其实这种认知是有局限性的。很多事情并不是你想做、有兴趣就能做到的，你必须得在这件事情上有所积累，你处理这件事的技能超过了 90% 的同行，才有可能将其发展为第二个斜杠。

当然，任何技能都需要时间的积累，极少有人一开始就能成为行业权威，网络上内容创业红人如罗振宇、樊登、吴晓波等人，都是人到中年后才闯出了自己的名头。所以，年轻的你，无需为自己的籍籍无名而落寞，在你还没有出色到超出大多数人的时候，你要做的是去模仿同行业、同类型的人，观摩他们的成长方式，同时为自己做一个清晰的定位。你要不断学习、练习、提升自己的能力，可以借用他人的渠道和方法，但不要与他人雷同，只有当你足够独特、足够专业，你才有可能在第二个斜杠上获得成功。

你能为之付出持之以恒的努力吗？

很多青年之所以不能成为斜杠青年，不是因为他们没天赋，也不是因为他们技能不够出色，而是因为他们不能持之以恒地去努力。无论你出于什么原因想成为斜杠青年，几乎都注定在最开始的一段时间里，你只能付出没有收获，只有当你能够持续下去的时候，至少持续一年之后，才有可能有所收获。所以，当你想要去开辟第二个斜杠的时候，问问自己——你能否能每天不计回报地努力3个小时？如果你能，那么你有可能会成功，但没人敢打包票你一年后一定成功，这样的话，你还愿意努力吗？

如果得到的答案是肯定的，那么你可以继续看下去。

当你确定了发展第二个斜杠的方向，接下来要做的，就是将目标进行拆解，你想成为一个写作者，那就想想一个写作者需要哪些能力；你想成为一个讲师，就想想一个讲师需要具备的能力；你想在摄影行业分一杯羹，就想一想需要提升哪些方面的能力。找到了自己要努力提升的方向，就分阶段、有针对性地去练习这些能力，而不是东一榔头西一棒槌地胡乱练习。就像健身，你想瘦腿，就多做瘦腿的锻炼，你想瘦肚子，就多做瘦肚子的锻炼，一把抓很难见效。

我们前面已经说过，高效的学习就是"输入——内化——输出"的过程，只有不断重复整个过程，才能高效学习，而学习，是每个人提升能力的必经之路。以提升写作能力为例，你读了写作类的书籍之后，应该将书中的观念吸收内化，输出为"书评""书摘"，更进一步，立即根据书中指导，写出一篇文章，持续不断地练习下去，才能看到效果。当然，我们既要低头赶路，也要抬头看天，不要让自己走错了方向，每隔一段时间，都要对自己这段时间的练习进行总结反省。有效果吗？没效果问题出在哪里？有效果的话经验是什么？多做总结，才不至于出现偏差，才能让付出更有效果。当你在自己所属领域有了一定的见解和感悟，就可以和圈子里的人进行交流，大家互相指出彼此的优点和缺点，倘若能得到前辈的指导那就更好了，以后的练习就更有针对性。

怎么才能得到前辈的指导呢？首先我们应该让他注意到我们，比如买他的书，然后写一则读书笔记。如果你的笔记写得很精彩，前辈自然会对你另眼相看，甚至可能会转发你的笔记，以后还可能会给你一点指导，甚至可能会带你进入他的圈子，那么你在自己的斜杠领域就迈出了一大步。

让技能创造价值，让优势帮你成为斜杠青年

当我们的练习达到一定效果，就应该考虑如何让自己的优势创造价值。现代人需要的不止是干货，干货到处都是，他们更愿意为独特的、更具针对性的经验付费，这种经验才是可以快速复制并见到效果的。

而这种经验，往往是以输出的方式呈现。比如你看了几本时间管理的书，就对时间管理有了独特的见解，于是洋洋洒洒地写了几篇文章，没想到效果还不错，击中了读者的痛点，大家纷纷点赞、留言、转发，编辑邀你出书，于是你在练习的阶段就将优势变现，沿着这条路走下去，你就成了斜杠青年。

Chapter 6
处于最佳状态，活出立体人生

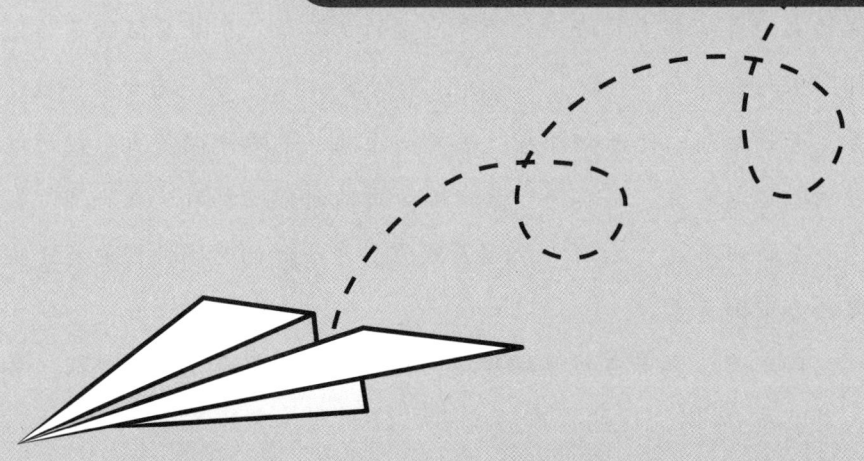

梦想还是要有的，万一实现了呢？

2014年9月19日，阿里巴巴集团于纽约证券交易所正式上市，马云带着阿里巴巴的众高管到达现场观看了上市仪式。在会场，马云将印有阿里巴巴logo的T恤送给了在场嘉宾，上面印着一句非常醒目的话——梦想还是要有的，万一实现了呢？此时的马云，已经成为蜚声国际的风云人物，他说出的话自然备受追捧，一时之间这句话迅速成了当年最受追捧的言论，广为流传，但是极少有人知道，马云道出这句话时，背后隐藏着多少心酸和汗水。

中国互联网创业者多为"海归派""技术派"，马云却是一个异类，他读书时成绩并不算好，大学专业学的是英语，毕业后做的是英语老师。但马云那颗"折腾"的心并没有停歇，1992年，马云辞去教师职务，开始经商。他开翻译社、贩卖小商品、创办中国黄页，经历过无数的心酸与失败，尤其是在做中国黄页的时候。那时"互联网"在中国还是新鲜事物，打开一个网页就需要半小时的时间，但他还是决定要创办中国黄页。

1995年，马云在杭州湖畔花园自己的家里召开了一场会议，参会人员共有24人，这些人有的是马云的朋友，有的是马云的学生，列席的还有一位82岁的老太太。在会议上，马云向大家做了一场激昂慷慨的演讲，演讲的主题很明确——他想做互联网，在座的人听得云里雾里，他们大多数人甚至连互联网是什么都不知道，所以纷纷投出了反对票，只有一个人对马云说："如果你很想做，可以试试看。"

马云最终还是做了，他带着一帮人创办了中国黄页，他和他的团队每天骑着自行车到各个老板家里、公司里推销，却经常被人当成骗子给轰出去。在和老板们接触的过程中，无数人向他抱怨生意难做，这让马云冒出了一个想法——既然生意如此难做，我就创办一家企业，让天下没有难做的生意。于是，1999年，马云成立了阿里巴巴，他的转型依然没有获得人们的认可。在当时，中国没有征信系统，物流尚不发达，而且大多数人青睐去做熟人生意，所以即便后来马云成立了淘宝网，在相当长的一段时间里，网上也极少有交易，大家都很难相信陌生人。但是无论处境如何艰难，马云都没有放弃，他坚信，电子商务平台对人们是有用的，有用的东西，必然会成功。结果也就如马云所想，阿里巴巴、淘宝网直至后来的天猫商城，都成功了，阿里巴巴成功在美国上市，成为一代商业帝国。

面对成功之后的鲜花和掌声，马云说："其实最大的决心并不是我对互联网有很大的信心，而是我觉得，做一件事，经历就是一种成功，你去闯一闯，不行还可以调头。"

谁能在创业之初就知道自己必然会成功呢？恐怕没有吧！

但是难以预料的未来并不能成为我们不努力的借口，那些成功的人，都是真正的勇者，即便经历再多困难，也能坚持下去，直至拼到无能为力，他们才会调转方向，重新出发。只要还活着，人生就有希望，就有再来一次的机会，不断的尝试与探索，才能换来成功。

如果你也怀揣梦想，就开始为之努力吧！

贾康从一所985高校毕业后，顺利进入一家银行工作，朝九晚五，生活过得波澜不惊。3年过去了，贾康逐渐厌倦了这份工作，他感觉自己的身体里好像有一股暗流在涌动，他不想把青春浪费在重复无趣的工作中，但是一时之间又不知道该做点什么。9月份，贾康送妹妹去读大学，发现学校环境挺好，只是位置很偏，买东西不太方便，他在校园附近的便利店转了一圈，发现店里的商品种类少，水果蔬菜都很不新鲜，贾康心中一动，觉得在这里创业是个不错的选择。几经考虑之后，贾康选择了辞职，将创业重心放在出售新鲜果蔬上。

贾康没有租店面，他创建了自己的公众平台，平台上线的第一个项目，就是专门针对大学城学生的水果生意。但是，因为前期推广不力，开张的第一天，只接到了一单生意，卖出了2斤水果。贾康的心里很失落，但他并没有就此气馁，而是迅速吸取教训，开始雇学生代理进宿舍推广，发海报、优惠码，并赞助学校的运动会……公众平台的订阅量不断增加，订单也增加了，每一点进步，都是对他的激励。

现在，贾康的线上水果生意已经越做越大，他已经开始做自己的APP，并开始在水果之外搭配鲜花等商品，虽然现阶段贾康的收入还算不上很高，但是他有信心，只要他踏踏实实地继续努力，梦想一定会照进现实。

没有人可以随随便便成功，创业于普通人而言，就像是一场颠覆命运轨迹的革命。它意味着我们要改变，要不断学习，要有足够的勇气面对未来的挑战，失败了不气馁，成功了不骄傲，一步一步地向前走，每迈出一步，都能收获充实和喜悦。

如果你也有渴望实现的梦想，那就去为之奋斗吧！做好准备，为之努力，别怀疑自己的能力，别畏惧可能遇到的困难，也别担心自己会遇到困难。遇到问题就解决问题，纠结、困惑并不能解决任何问题，只会让我们失去前行的勇气。

当一个人被逼到绝境时，才能激发出身上无穷的潜力。

想象一下吧，如果你是一个3天未曾吃饭的乞丐，有人给了你一碗面，而此时又跑来一只凶神恶煞的狗，你是放弃那碗面，还是跟狗争抢一番？毫无疑问，你绝不会放弃那碗面，因为没有了面，你可能会饿死，而与狗搏斗，你还有获胜的可能。当然，你也可能会急中生智，想出另一种解决办法，人在困境时往往会被激发出无穷的潜力，冒出无穷的创意。

在实现梦想之前，我们要做的是坚持。梦想没有加速生长期，越是急于成功的人，越容易失败，唯有持之以恒的努力才是将梦想变现的最佳途径，别着急，别畏惧努力，更不要畏惧失败。即便失败了又能怎样，你依然可以调整方向重新出发，人生永远没有太晚的开始。

有信心：
一切皆有可能

　　从前，美国的某个偏远小城有一位富商，富商有一个19岁的儿子，名叫伯杰，伯杰是位心地善良的青年。某天，伯杰正靠在窗前欣赏美妙的月色，忽然看到街边的路灯下站着一位瑟瑟发抖的青年，他衣衫褴褛，神情抑郁。伯杰不由得心生怜悯，于是走出院子，询问青年是否需要一些帮助。

　　青年叹息道："我一直渴望能拥有一间属于自己的公寓，晚饭之后能靠在窗前欣赏美妙的月色，可是这个梦想对我而言遥不可及，我找不到努力的方向。"

　　伯杰沉思了一下，说道："我无法帮你实现这个愿望，不过，如果你有一个更近的梦想，或许我可以帮你实现。"

　　青年长长地呼出一口气："我今晚的愿望，就是希望能在一张宽敞舒适的床上美美地睡一觉。"

　　"那么，我现在就可以满足你！"

　　说完，伯杰带着年轻人走进了舒适的客房，并指了指那张宽敞舒适的床："今晚，你睡在这里，肯定可以美美地睡上一觉。"

　　次日清早，伯杰惊奇地发现，青年并没有睡在客房那张舒适的大床上，他在花园里的长椅上睡了一晚。伯杰喊醒他，问他为何不睡在客房的床上。青年微微一笑，说："睡在这里就够了，谢谢你。"之后便离开了。

　　30年后，伯杰收到一封邀请函，请他参加一个度假山庄落成庆典，落款是"您30年前的好友，特纳"。伯杰知道特纳是著名的钢材商，但他实在想不起自己与特纳之间究竟有何交集。在好奇心的驱使下，伯杰参加了庆典。度假山庄规模宏大，建筑气派不凡，出席宴会的不乏各界名流，之后，庄园的主人特纳出现在了台上。

　　"……我一定要对我人生之中第一次对我伸出援手的人表示感谢，他就是我的朋友——伯杰。"在众人的掌声中，庄园的主人走到了伯杰面前，给了他一个大大的拥抱。直到此刻，伯杰才认出，原来这位特纳就是30年前在自家花园长椅上睡了一晚的青年。

　　回忆30年前的情景，特纳对伯杰说："当您带我走进客房时，我简直不敢相信自己的梦想居然这么轻松就实现了，忽然之间，我明白，通过这种途径实现的梦想，太过短暂，我应该远离它，并通过自己的努力，找到真正属于我的那张床。你瞧，我现在真的做到了。"

　　曾经遥不可及的梦想，在青年的努力下实现了，或许我们无法知晓其中的细节，但是其中的艰辛我们却可以想象得到。青年之所以能坚持努力30年，除了不凡的毅力，肯定也不乏坚定的信心。有信心，一切皆有可能。

与其做梦，不如行动

　　曾经有一个很著名的广告画：几个年轻人坐在堆积如山的文件里埋头工作，而旁边一个年轻人手握酒杯，靠在躺椅上若有所思。广告语写着：与其做梦，不如现在行动。

画面很简单，却发人深省，它揭示了许多年轻人的生活状态：怀揣着梦想，却迟迟不肯行动，因为拖延，因为行动力差，因为没有自信。结果呢？我们的梦想最终成了虚幻的梦，永远没有实现的可能。其实，倘若那个握着酒杯的年轻人也能和旁边的几位年轻人一样努力，他梦想中自己的成功或许就真的能变成现实。

有不少人喜欢用各种各样的理由拒绝努力，他们抱怨自己没有优越的家境，没有出众的容貌才艺，没有过硬的人际关系，没有可以依仗的各种资源。但是，这并不应该成为我们拒绝努力的理由，正是因为没有，我们才更要努力，一步一步填补这些不足，我们才会越来越自信，最终实现梦想。

当无手无脚的尼克·胡哲被护士抱到他的父母面前时，他的父亲吓了一跳，跑到产房外呕吐不止，他的母亲也不能接受这个现实，直到他长到4个月大时，才第一次抱起他。在成长的岁月里，尼克·胡哲更是遭受了无数次的磨难，他忍受着各种冷言冷语和欺凌羞辱，一度试图自溺而死，幸运的是，他没有死，反倒更坚强地活下来了。

13岁那年，尼克·胡哲在一篇文章中看到，一位残疾人自强不息，完成了自己设定的所有伟大目标，他坚信自己也可以成为一个伟大的人。自此之后，他孜孜不倦地努力，并最终拿到了金融理财和地产学士学位，后来还成了著名的演说家，他写的书籍《人生不设限》更是让无数人拥有了前进的动力。尼克·胡哲在书中写道："人们时常埋怨自己什么也做不了，可是倘若我们只想着自己想要拥有或欠缺的东西，而不去珍惜所拥有的，完全改变不了任何问题！真正能让我们的命运发生改变的，不是我们的机遇，而是我们的态度。"

即便是面对上天的不公，尼克·胡哲依然咬紧牙关，靠着顽强的毅力和强大的自信，创造出了生命的奇迹。所以，四肢健全的你，停止为自己设限吧，只要你愿意，你也可以实现自己的梦想。

大胆去做吧，事情没你想象得那么难

77岁以前，摩西奶奶的身份是一位农妇，空闲的时候她喜欢刺绣。但是77岁之后，摩西奶奶的人生出现了逆转，她开始画画，画乡间的风光，画金黄的稻田，画田地上辛勤耕作的人们，这位年迈的妇人在老年找到了自己的价值。她虽没有接受过系统的绘画学习，却在余生中创作出1600多幅艺术价值极高的画作。

成名以后的摩西奶奶成了很多人的偶像，她还写了一本随笔集《人生永远没有太晚的开始》，许多人为摩西奶奶的事迹所鼓舞，其中就有一位名叫春水上行的年轻人。这位名叫春水上行的人给摩西奶奶写了一封信，信里说，自己一直很喜欢写作，但是为了生活不得不做自己并不喜欢的医生工作，现在他马上就要30岁了，很想辞去工作去写作，却又担心前途未卜，怕自己没有足够的才华以写作维持生计。摩西奶奶给这位年轻人写了封回信，信中说："你想做什么，就大胆去做吧，不要去管自己的年龄和生活状况，你想做什么、能否取得成功，和这些都没有关系。"

这位年轻人辞了职，35岁去了东京，走上了写作那条路。后来，他成了日本著名的情色文学大师。这位春水上行，就是著名小说家渡边淳一。

很多事情，当你驻足观望时，觉得千难万难，但是真的尝试着迈出第一步，就会觉得事情并没有自己想象得那般困难。所以，我们与其一直站在圈外焦虑、苦恼、筹谋，不如迈出行动的一步，尝试一下。慢慢来，不要急于看到结果，任何美好的结果都需要持之以恒的努力。马云曾说，实现梦想的过程，就和造房子一样，打地基的时间要用去全部时间的30%，一家企业或个人的努力，其实也和造房子一样，在最开始的目的都不能是挣钱或者实现理想，而是打好基础。但是当基础打好之后，后面的事情就会如春天的竹笋一样，发展之快捷超乎你的想象。

打破成见，
思路决定出路

与朋友聊天，明月说，因为自己的记忆力不好，一直不敢报考注册会计师考试，众所周知，报考注册会计师需要记忆很多东西。

朋友听了，并没有附和明月的话，而是问她："你怎么就能确定自己记忆力不好呢？"

明月一下子愣住了，为什么说自己的记忆力不好呢？离开学校已经好几年了，已经许久不曾记忆一些东西了。她知道，自己是被年轻时的成见困住了，而那个时候的她，也不是真的记忆力不好，而是不喜欢背书。多年前的思维成见，直到现在依然束缚着她，所以一说到记忆，就直觉地认为自己记忆力不好。一件小事，却足以凸显固有成见对一个人的影响之深。

成见，指的是人们在观察、思考、解决问题时思维上的某种倾向。比如男人有钱就变坏、长得丑的人比较靠谱、学历高的人见识多等，都是人们在固定的学习、工作和生活环境中总结出来的一些经验，并将之作为待人接物、审时度势的标准。我们不能否认固有成见可以帮我们避开许多风险，让我们在做某些决定、思考某些问题时更加成熟，帮我们节省许多精力和时间，但是倘若我们总是为固有成见束缚思维，定然会对我们的工作、生活产生不良影响。世界一直在变化，任何人、事、物每时每刻都在变化，固有成见却是停留在过去的经验上，其存在或许会在某些时候给我们带来一些便利,但是在更多时候会束缚我们的思维,让我们只按照习惯的、常规的方式去看待问题、解决问题,最终导致我们做事循规蹈矩,生活就此失去了许多可能性。

物理学家富尔顿曾经测量出固体氦的热传导度,但是得到的结果却令他难以置信,和理论数据相比,实际测量得到的数据整整高出了500倍。富尔顿认为,倘若把这个违背科学界公认数据的结果发表出来,很有可能会引来众人的嘲笑,他最终选择了放弃。没过多久,另一位科学家也发现了这个数据,他毫不犹豫地将结果公之于众,在科学界引起了广泛的关注和赞誉,富尔顿后悔不已。

倘若富尔顿不迷信权威,敢于打破成见,那么他在科学史上的成绩将再添浓墨重彩的一笔。

敢于打破成见,人生才有可能迈入更高的层次

有段时间,哈佛大学农业科研小组致力于研究促进植物生长的菌落群,但是,因为实验过程中出现差错,他们培养出来的菌落群不只无法帮助农作物生长,反倒会对农作物的生长起到一种抑制和阻碍的作用。对于这个结果,科研人员并没有丢开了事,而是敏感地意识到,倘若进一步培养,这种菌落群依然有其存在的价值。于是他们干脆调整了研究方向,把重心放在研究有选择性的高效除草剂上,并最终取得了丰硕的研究成果,并由此掀开了现代农业除草技术的新篇章。

你看,当人们敢于打破成见、逆向思维时,往往会打开一个意想不到的局面。事实上,打破固有成见的好处并不仅限于科学研究上的突破,它也会对我们的生活产生许多积极影响。

你一定也能发现，无论是校园还是职场，我们的身边总有一些佼佼者，他们貌似不太努力，但成绩傲人；他们在读书时成绩并不出色，但是毕业后却在某方面取得了他人难以企及的成绩；他们并没有什么背景，但是到公司一年多就升职加薪；他们遇到自己想做的事情从来不会拖延，虽然完成的不太理想，但也是胜过了一般人……他们获得成功的关键，是绝不为成见所束缚，积极去寻找更广阔的出路。我们大多数人，总是以预测结果的得失成败作为是否行动的前提，在情绪内耗中丢掉了积极性，左顾右盼、瞻前顾后，最终白白浪费了时间和精力。我们不能要求自己彻底摆脱成见，但也应该努力培养几种有益的思考方式。

只为成功找方法，遇事迎难而上

刘小姐换了新工作，老板准备利用新媒体宣传企业，让刘小姐学习运营公司的公众号。对此，刘小姐是百般的不情愿，她应聘的是文案策划，干吗要去学运营公众号呢？所以拖了一段时间，刘小姐对运营公众号仍知之不多，老板见她如此不愿学习新的东西，也就不再器重她了。

王先生是个文学爱好者，写的诗歌也颇有水平，还在几本知名刊物上发表了几篇作品，一直说要出书，但是几年过去了，什么也没写出来。朋友问他写得怎么样了，他叹了口气说："出书哪有那么容易，现在传统出版业远不如以前景气了。"很显然，他已经放弃写东西了。

刘小姐畏惧改变，王先生害怕失败，他们在苦难面前故步自封，最终丢掉了为事业和梦想开疆辟土的机会。他们都倒在了固有的成见上，只愿意做自己有把握的事、喜欢的事和容易的事，所以他们很难成功。

一位父亲对正在搬石头的孩子说:"只要你用尽全力,一定可以把石头搬起来。"孩子想了很多办法,用双手抱、用跷杆跷,却始终搬不起石头。孩子很无奈地对父亲说:"我已经尽全力了,可还是搬不起来。"

父亲摇摇头说:"不,你并没有尽全力,因为我就在你身边,你却始终没有向我求助。"

这个简单的故事告诉我们,面对困难,我们绝对不能退缩,更不能找借口逃避,而是要想尽一切可能的办法,多多探寻、多多尝试,有时那些即便看上去全无可能的事情也会柳暗花明。

挣钱比省钱更重要,培养自己的富人思维

小张和小杨同时进入一家公司的企划部实习,两人都是名校毕业,但出身却有着天壤之别。小张家在农村,父母靠种田辛辛苦苦供他读书,所以小张格外节省,不肯多花一分钱;小杨的父母做生意,家里有钱,所以他对金钱的观念很开放——钱嘛,挣了就是用来花的。

他们的工作都是写文案,写出的文章水平也相差无几,但是两个月后,两人的工作成绩悄悄拉开了距离。小张一如既往地保持着自己的水平,而小杨却时不时地开始受到上司的表扬。原来,为了提升自己的写作能力,小杨花钱报了培训班,学习写作技巧;而小张,一听说培训要自己花钱就立即打了退堂鼓,他坚信凭自己的练习,多摸索也能提升写作能力,大不了多花一点时间。可是,时间让两人之间的差距越拉越大,后来小杨受到领导赏识,升了职,薪水涨了30%,而

小张还在原来的位置上拿着原来的薪水。

我们经常说，"龙生龙凤生凤，老鼠生儿会打洞"，这不是强调出身的重要性，而是说孩子在成长过程中必然会受到父母思维的影响。一旦父母的观念、思维在孩子的脑海中扎根生长，那么孩子的行为也会随之沿着固定的轨道前行。

如果一个人想要有所突破，首先应该不被脑海中的固有成见左右行为，而要多和成功的人士接触，一点一点改变自己的思维。或许我们无法决定自己的出身和所受的影响，但我们可以勇敢打破脑海中的固有成见，向他人学习。

一个人之所以能成为富人，不是因为其拥有的资本有多少，而在于其富人思维。还是那句话——"一个人获得成功的关键，源于其积极的思维能力。"

那么，什么是富人思维呢？

富人思维是先确定目标，然后立即行动。有富人思维的人都是想了就去做，他们认为，钱不够可以借贷，可以融资，资源不够可以找资源，技术不行可以招聘技术人员或者外包，甚至连敌人也可以因为利益而成为朋友，他们会想尽一切办法把事情办成。而我们普通人呢，做事情会瞻前顾后，会等待最合适的时机，在准备充分前绝不肯行动，不愿意去做不确定的事，也因此，为自己的眼界和格局所困，一生也难以做出什么大成绩。

所以，倘若我们不想这样一代一代过下去，就应该努力培养自己的富人思维，改变自己的行为模式，多做一点，少想一点，遇到困难就克服困难，多向那些优秀的人学习，终有一天，我们也能成为成功的人。

还是那句话，"你想成为什么样的人，就和什么样的人在一起"。观察你的榜样，感受他的做事风格，学习他的思维方式，不断打破成见，开拓思路，构建积极的思维能力，我们才能站在更高的地方，看到更广阔的世界。

创业：
如何打造一支优秀的团队？

当你决定创业，在计划书完成之后，组建一个团队就成了首当其冲的问题。所谓团队，指的是为了实现某一共同目标而由相互协作的个体组成的正式组织。团队不同于群体，团队比群体更具协作性和凝聚力。一个优秀的团队，往往能把构想变成现实，将一个小公司打造为行业巨头。那么什么是优秀的团队呢？对此，马云有过一番精彩的论述。

2001年，马云在一次演讲中说："中国人认为最好的团队是'刘、关、张团队'，这个团队里还有赵子龙、诸葛亮，这样的团队真是'千年等一回'。但是我认为世界上最好的团队是'唐僧团队'。"

我们都知道，"刘、关、张团队"里，个个都是能人，诸葛亮谋略无双，赵子龙、关羽、张飞都是骁勇善战的猛将，刘备也正是在他们的拥戴下，从一个卖草鞋的草根成长为与曹操、孙权三分天下的一代帝王。但是这样的团队只能存在于小说中，在现实生活中想要组建这样的团队几乎是不可能的。虽然说人人都是精英的团队会创造出比普通团队更大的效益，但是在现实中，一支全由精英组成的团队往往容易出现内讧。因为每个精英都会优先为自己的出路和前途考虑，他们大都不会忠心于自己所属的团队。即便领导者是一个如刘备般善于笼络人心的人，也很难保证手下的精英们在面对各种诱惑时不动心。而"唐僧团队"就与之完全不同。

唐僧懂得把权力下放，自己主抓大方向——取经，并且能把团队精英孙悟空紧紧抓在手中，孙悟空胆敢不服从，念上几遍紧箍咒，他就服服帖帖了。猪八戒貌似很无用，只能偶尔帮点小忙，但其实猪八戒还充当着团队的开心果和黏合剂的角色，和稀泥的本事更是一流，这种人的存在，可以为团队增加一点生气，有其存在的价值和意义。而沙和尚，则属于普普通通的基层员工，能够埋头做事，也没有太大的上进心，这种员工没有什么出众的才华，却是整个团队里的中坚力量。

你看，"唐僧团队"貌似并不优秀，但正是这样的一个团队，实现了目标，取得了真经。其实，马云的团队也是一个唐僧式团队，在阿里巴巴的管理层中，马云对互联网的了解并不多，他擅长的是英语，但是他能把握整个团队的方向，阿里巴巴有蔡崇信等出色的互联网人才，也有普通人，正是这样的团队，成就了阿里巴巴的商业帝国，改变了十几亿人的消费观。

对于一个创业团队来说，不能寄希望于打造一支无坚不摧的"刘、关、张团队"，而应该整合一支更具实战力的"唐僧团队"，这个团队的人可以有具有创新意识的行业先锋，也可以有脚踏实地的普通人，也可以有数位精英，却不必强求资深人士加盟。

优秀团队的人才构成

想要创建一个优秀的团队，首先，领导者要出色，作为领导者不一定要很能干，但一定要能以身作则、真诚、有人格魅力，能管得住比自己优秀的人才，洞察力强，懂得放权，能把握团队的整体走向，有俯瞰全局的眼光和魄力。第二点，领导者要敢于和团队成员谈钱。一个人愿不愿意加入一个团队，要看团队的发展前景，要看领导者的魅力，但是比这两个更重要的，是薪资待遇。所以，一个团队的领导者不仅要跟团队成员谈情感、愿景、理想，更要谈钱。或许你的启动资金不多，但是你想留住人才，还是应该给其应有的待遇，甚至是稍高于同类型公司的待遇。当然，高薪水必然要高回报，给他发了1.5个人的工资，就可以派他做2个人的工作，你并不吃亏。

有了好的领导者，接下来就是组建自己的团队。很多创业者喜欢邀请行业内的资深人士加盟，他们觉得资深人士有丰富的经验，可以引导团队少走弯路。但事实证明，抱着这种想法的人大多会失败。因为，第一，资深人士的人力成本高，他们大多是在某个行业、领域内有了一定的积累，取得了一定的成绩，所以让他们跳槽，一定要给予丰厚的报酬，这可能是很多创业公司做不到的；第二，资深人士是有经验，但这种经验可能也会带来思维定势，可当他们把自己在大公司的经验嫁接到创业公司时，就像把飞机的引擎装在拖拉机上，未必就能跑得快、跑得稳，也未必可以让创业公司飞起来，反倒可能会造成毁灭性的灾难。

当年，乔布斯看中了百事可乐CEO约翰·史考利，拼尽了全力邀请他加盟，还说了那句经典的"你是想卖一辈子糖水还是改变世界？"结果约翰·史考利如他所愿，进入了苹果公司，但是之后的故事却极具戏剧性。约翰·史考利并没有让苹果公司腾飞起来，反倒把乔布斯赶出了苹果公司，随之而来的，还有苹果公司利润、销售和股票价格的全面下滑，约翰·史考利最终也没有逃脱被赶出苹果公司的命运。所以，资深人士招得不好还不如不招。创业者更需要的，是一帮能高效工作、敢于创新、能帮助团队在瞬息万变的环境中活下来的人。

团队初创期，领导者应该把主要精力放在招聘上，借用一切可用的资源，找到最适合团队的人才。一般情况下，创业公司在保证拥有数名核心人员之外，应该多招一些实战能力强的多面手，什么都能做，什么都知道一些，这样就可以节省人力成本，团队的战斗力也较强。当公司规模扩大之后，你才会需要更多有专长的人。

除了技能，团队成员还应该拥有一些良好的基本素质，杰克·韦尔奇曾经提出过好员工的3个基本素质，分别是：

① 诚信，诚信的人即便面对再多诱惑，也不会突破自己的底线，损害公司利益。

② 聪明，他可能不是名校毕业，但是他实践能力、学习能力很强，能够迅速学会应该学会东西。

③ 成熟，一个成熟的员工不会说走就走，也不会让心情影响工作，说得更深入一点，就是情商高。

一个人具备了良好的基本素质，才有可能成为一个好员工，当一个团队都是好员工时，即便他们个性不同、出身不同、专长不同，也可以和谐相处，呈现1+1>2的团队效应。

优秀的团队应该有一定的凝聚力

任何一个团队领导者，都不能高估自己对优秀人才的吸引力。也许你觉得自己给予其的待遇足够优厚，公司的前景很好，但这些都不足以对团队成员构成足够的吸引力。相比外企、国企、政府机构，一个创业公司的吸引力显然不够强，但是，创业公司也有一些东西是员工无法在成熟优渥的工作环境中获得的，那就是个人成长和成就感。只有在创业公司，一个人的力量才能被凸显出来，瞬息万变的工作环境不断迫使大家释放自己的潜力，个人能力不断得到提高，个人观念不断刷新，成长的速度就会非常迅速。当一个人能够从工作中获得成就感，并感受到自己在工作中的飞速成长，他就会乐于工作。

当然，让一个团队更具凝聚力的方法是让大家围绕着共同的价值观奋斗。领导者与团队成员之间的关系是合作而非雇佣关系，大家只是围绕着共同的价值观一起奋斗。很多创业团队为了增加团队的凝聚力，会为团队的每位成员配置股份，人人都是老板，人人都是在为自己工作，彼此之间属于合作伙伴的关系，员工的积极性自然会被最大限度的激发出来。

在创业团队，人员出走是一个让人非常苦恼的问题。有关机构的人才趋势报告指出，中国员工跳槽的三大主要原因，分别是：发展空间、工作内容和工作氛围。所以，一个好的团队，应该给员工一个好的发展空间，让其工作内容更有意义，且能让他们不断从工作中学到新东西，还有更重要也是最稳妥的一点，就是团队的成长速度要快于个人的成长速度，如此，员工才能感受到前景美好，乐于为之奋斗。

身心减负，享受极简生活

当今社会是一个物质生活极大丰裕的社会。拉开衣柜，塞得满满的全是衣服，其实大部分衣服你以前就不喜欢，以后也不会再穿；打开电脑，里面装着各种可能永远也不会再看的文件；打开你的记事本，密密麻麻地写满各种计划，你也知道大部分都不会被执行；翻看一下手机，里面满满的联系人，可能有些人这辈子都不会再有联系；房间里囤满了各种各样的商品，有的是凑单，有的是囤货，有的是图便宜，它们就这么占据着你本就狭小的空间……

曾经你以为，东西多了就会幸福，计划多了就会让人生增值，衣服多了就无需担心没衣服穿，手机里的联系人多了就无需担心人脉问题，但事实上，即便你把自己的生活塞到没有一点缝隙，你渴望的生活状态也不会到来。

你的衣柜里塞满了衣服，所以你总要花时间去选自己最喜欢的那一件，又要花更多的时间去选择和它搭配的另一件；你的电脑里是各种各样的文件，所以当你想找出自己需要的文件时，不得不浪费许多时间；你的计划很多，念头很多，你这个月想做这个，下个月想做那个，结果每件事都浅尝辄止，什么事情也没做好；你的联系人很多，但是当你自身没有实力时，他们根本就没时间帮你，甚至早已忘了你是谁；你囤积的各种小商品很快就失去了美感，你不得不在每个周末用抹布细细地把它们擦拭一遍又一遍……

当我们的房间、大脑和心灵被塞满时，我们的关注就失去了焦点。我们看不到自己喜欢的东西，找不到自己应该专注的方向，因为无关紧要的东西浪费了大量时间……给你的身体和心灵做做减法吧，让你的生命回归平淡与真诚，你的生活和工作才能愈发有质感。

说到极简主义，就不能不说乔布斯，网上曾经广泛流传一张乔布斯房间的照片，整个房间里，只有一张爱因斯坦的照片、一盏桌灯、一张桌子、一把椅子和一张床，而他每次出现在公众场合所穿的衣服，都是同样的风格、同样的款式。

同样推崇极简主义的，还有Facebook的掌门人马克·扎克伯格，马克·扎克伯格曾经在Facebook上晒出自己的衣橱，里面齐刷刷地挂着一排浅灰色T恤和深灰色连帽衫，除了这些，再没有别的衣服。无论是参加发布会还是外出活动，出现在公众视野里的马克·扎克伯格，都是牛仔裤搭配浅灰色T恤，天气冷的时候加一件深灰色连帽衫。

无论是乔布斯、马克·扎克伯格，还是其他众多推崇极简主义的人，他们之所以要为生活做减法，选择精简生活、工作甚至身心，为的就是找回幸福的状态。他们相信，当一个人拥有的东西多了，垃圾也就多了，"当一个人手里、怀里、背包里已经放了太多的东西，再遇到自己喜欢的东西，也无法将其装进行囊"，这就是很多物质生活极度富裕的人并不幸福的原因。那么，什么样的状态才能让我们时刻感受到幸福呢？

很简单，当我们被喜欢的东西包围时，就是幸福的状态。极简生活，带给我们的不只是幸福的状态，还可以让我们的时间、精力、金钱大大地节省，压力大大地缓解，身心放松，心灵愉悦。

精简欲望，
找回自己的最爱

　　你准备到商场买一管口红，售货员小姐拿出好几款，裸色的、流行的、保湿的、炫目的、职场适用的、明星推荐的，搞得你晕头转向。继而售货员小姐还向你推荐了配套的其他化妆品，于是不知不觉，你带着一堆瓶瓶罐罐出了门。可是到了街上，被冷风一吹，你才醒悟过来，你到商场，只是为了购买一管口红。一件小事，却也折射出我们的生活状态——最初的你，想要的或许只是一份稳定的工作，但是当你听说别人正在考公务员，于是也跟着去考；听到别人报了个健身班，你也觉得自己需要健身……渐渐地，你被潮流、被别人的眼光所影响，这个也想做，那个也想做，不断去追求那些并非自己真心渴望的东西，结果不止混淆了追求的重心，还搞得自己身心俱疲。

　　我们做任何事情，都是源于一个动机，但是倘若这个动机来源于盲从和跟风，那么就不如立即放弃，将你的时间和精力集中起来，用在自己真正渴求的地方。只有当你的意愿足够强烈、你的注意力足够集中时，你才有机会获得更多的回报。所以，在做一件事情、追求一个目标之前，我们应该首先问问自己，这件事是不是我强烈渴望的？做这件事会不会对我的人生规划有所助益？只有当你能肯定回答时，才能找回自己的真实欲望，最终收获期待已久的幸福。

集中精神，切断外界信息滋扰

在当今这个资讯高度发达的社会，最不缺少的就是讯息。全球信息化让我们把世界的精彩尽收眼底，我们的手机上时不时就会弹出电子邮件、QQ、微信、微博等各种应用程序发出的各种通知，我们总是被各种信息打断，不自觉地停下手中正在做的事情去看一看。于是，在不知不觉间，我们的时间被切割成无数碎片，时间和精力被大肆浪费，自然难以专注在任何一件事上，这也是我们经常忙忙碌碌却发现收获很少的一个重要原因。改善被资讯所困扰的状况很简单，就是切断外界滋扰。

将手机上非紧急的应用程序的消息通知、应用更新通知全部关闭。我们总担心关掉消息通知会让自己错过重要信息，事实上，大多时候，即便一个上午不开手机，也不会有一个人来找我们。甚至我们可以卸载大部分APP，每天只要在电脑上登录查看一次即可，对于资讯的选择，我们也只需关注极少与自身有关的信息，比如专业、天气等，那些无关的娱乐、社会新闻完全可以无视。这样做可以大大节省我们的精力和时间，确保我们可以把更多的时间和精力放在更重要的地方。

精简物质，只保留自己喜欢的东西

我们家里的老人、长辈们都经历过物质生活极度匮乏的年代，他们总是敝帚自珍，什么都舍不得扔，什么都觉得还有机会再用。这种观念也影响到了我们，尤其是那些出身不算太好的孩子们，长大后往往对物质有一种超乎其本身价值的沉迷。遇到打折的、便宜的商品总忍不住就要囤积；家里的衣服、鞋子囤得再多也不舍得丢弃；小学到大学的各种奖状、纪念品都要保留下来，家里不看的书籍更是堆积成山……这些东西，我们真的需要吗？并不是。

我们囤积只是因为习惯，或者说因为我们缺少安全感。但是，算一下你囤积的成本吧，房价那么贵，你还要让那些自己并不喜欢的商品侵占本就狭小的空间，这么做其实不是节省，而是浪费。在电商物流高度发达的今天，我们需要一件东西，楼下的便利店就能买到，即便便利店没有，网上下单也可以做到当天或次日就能送达。而保留过去的那些纪念品其实并不能带给你多少美好的回忆，如果真的不舍，可以拍下照片，保存入硬盘，这远比保留死物要强得多。

精简生活与工作，让自己时刻保持最佳状态

一个人的生活状态取决于很多方面，极简主义是让我们获取幸福生活的一种最简单有效的途径。现实生活中，我们经常为人际交往而苦恼；每天我们都要为吃什么、用什么、穿什么费尽心思；这一切，都是因为我们把自己的生活复杂化造成的。

想象一下，倘若我们也像马克·扎克伯格一样，衣柜里都是同样的衣服，还会为每天穿什么而发愁吗？倘若我们的家里只保留必需品，还需要为擦拭整理而烦躁吗？假如我们只有一张信用卡，还会忘记还款吗？假如我们的包里只保留"伸手只要钱（身份证、手机、纸巾、钥匙、零钱）"，还会把重要物品遗忘吗？

工作也是同样，精简你的工作才能更加高效，记得每天清理一次你的电子邮箱，不要让邮件堆积如山；一次只做一件事，专注的人才能高效工作；及时清理你的桌面，不要让混乱的桌面模糊你的视线，整洁的

桌面会让你重新找回理想的状态。

极简主义，不是简单的丢丢丢、扔扔扔，而是真正从心灵上找回独立感，爱自己，不被物欲牵累，找回生活和工作的重心。当我们的身心都被喜欢的事物包围，我们就能找回幸福的状态，而幸福的你，必然会以积极的心态去拥抱未来。